自然科学総合実験
2024年度版

東北大学自然科学総合実験テキスト編集委員会 編

高輝度放射光施設 NanoTerasu（ナノテラス）

課題 12「波の回折による物体の構造の解析」に関連するX線を用いた生体高分子の構造解析には，位相の揃った強力なX線が適している．粒子加速器（シンクロトロン）から得られる放射光はこの要求を満たすことができる．東北大学を含む官民地域パートナーシップにより整備・運用され，今年度から青葉山新キャンパスで運用開始されるナノテラスは，構造生物学をはじめ新素材開発から食品分析まで大きな貢献をすることが期待されている（写真提供：東北大学研究推進部ナノテラス共創推進課）．

東北大学自然科学総合実験テキスト編集委員会　編

自然科学総合実験

執筆者一覧（五十音順）

岩佐直仁	*冨田知志
大下慶次郎	中野元善
太田宏	*中村達
岡壽崇	中村教博
*小俣幹二	長濱裕幸
金田雅司	縄田朋樹
梶本真司	長谷川琢哉
菅野学	福田貴光
河野裕彦	藤原充啓
小金沢雅之	保木邦仁
後藤章夫	本堂毅
小林弥生	前山俊彦
小安喜一郎	松村武
鈴木紀毅	宮田英威
須藤彰三	山北佳宏
関根勉	山下琢磨
*田嶋玄一	吉澤雅幸
鳥羽岳太	綿村哲

（＊：編集責任者）

自然科学総合実験は東北大学における多くの先生方の長きに渡る教育研究の成果に基づいている.

2024年度版まえがき：
ようこそ自然科学総合実験へ

みなさんがこれまで過ごしてきた学校は，ほとんどの場合，誰かが答えまで準備してくれた問題を解く場所だったことだろう．これに対して，みなさんがこれから過ごす大学は，自ら問題を見つけ，自ら答えを探す場所だ．場合によってはその答えはまだないかもしれない．このような場所で，自ら問題を見つけ，自ら答えを探すことができるようになるために，自然科学総合実験を通じて以下の３つの“力”を涵養してほしい．すなわち“新しいことに挑戦する力”，“論理的に思考する力”，“科学的な文章を書く力”だ．

少し具体的にアドバイスをしておこう．新しいことに挑戦する力を育てるために，興味があることはもとより，一見興味がないように思えることでも自らの手を積極的に動かしてみよう．失敗しても構わない．そこから多くのことが学べるだろう．「研究第一主義」を掲げる東北大学にはその環境が整えられている．

論理的に思考する力を育てるために，先を予想しながら実験を行おう．たとえば回折の実験では，髪の毛に光を当てたら，その光はどのようなパターンを描くだろうか．化学合成の実験では，この溶液とあの試薬を加えたら，どんな物質に変わるだろうか．PCR の実験では，どんな DNA が増幅されるだろうか．環境放射線の実験では，放射線量率を左右する要素には何があるだろうか，次にどこを測れば比較できそうか，など想像しながら行ってみよう．これらは実験で安全に気を配ることにも繋がる．そして，実験で得られたデータを元に，何がわかって何がわからなかったのかを議論しよう．それを積み上げることが論理的思考力を育てることになる．

そして実験で考えたことを，自らの言葉でレポートに表現することを恐れないでほしい．最初はたどたどしい言葉で構わない．続けるうちに，徐々に科学的な文章を書くことができるようになる．自然科学は，先人から連綿と受け継がれるそのような報告の積み重ねの上に成り立っている．報告するところまで含めて実験である．

この科目は，自然科学「総合」実験と銘打っている．総合実験が必要なのは，これからみなさんが生きる時代は，答えが見つけにくい，もしくは答えがない幾多の問題に直面しているからだ．そのような問題を解決するためには，これまでの学問分野を超えた，複合的な視野が必要となる．異質なものや一見役に立たないこととも付き合い，すぐには答えが出ないという事態も乗り越えることができる，そんな複合的な視野を持つために，この総合実験が準備されている．ここで得た学びの姿勢がみなさんの研究を推し進め，豊かな社会づくりに貢献することを願ってやまない．

ようこそ，自然科学総合実験へ．

2024 年 3 月

東北大学自然科学総合実験テキスト編集委員会

初版まえがき

現代の自然科学は，数学・物理学・化学・生物学・地学の領域に分化し，宇宙の創生から原子や分子の操作，機能性材料の設計と合成，遺伝子制御，地球システムの理解まで高度な先端領域を形成している．さらに，近年になって，学際領域・複合領域の研究が重要性を増し，活発化してきている．東北大学では，平成16年度から新入生に対する実験教育を早い時期から実施し，実験に親しむ科目を開講することを決定した．目的は，学生が自然科学を学ぶ上での出発点である実験による感動を体験し，学問への取り組み姿勢を確立してほしいというところにある．そのために，東北大学では，従来の理科実験科目（物理・化学・生物・地学）の内容を融合し，「種々の自然現象にふれることのできる」範囲から選んだ多様なテーマで構成される新しい理科実験科目を創設することが望ましいと判断し，加えて，この科目は理科系すべての学部の学生が受講し，文科系にも開講するのが望ましいとの展望を示した．以上の議論を踏まえて出来上がったのが，この「自然科学総合実験」である．

「自然科学総合実験」では，自然現象の中で，特に話題性のあるテーマ，実験結果が明瞭で自然のしくみを理解し易いテーマを実験課題として選定した．ここで取り上げたテーマは，「地球・環境」，「物質」，「エネルギー」，「生命」，そして「科学と文化」である．「地球・環境」では，地球の重力，地球に降り注ぐ自然放射能を計測し，そして，広瀬川の水のリン濃度を測定し，その水質を評価する．「物質」では，金属・高温超伝導体そして高分子（ポリマー）の電気伝導と有機化合物の合成について学ぶ．「エネルギー」では光のエネルギーと太陽電池，燃料電池のしくみを理解する．「生命」ではDNAを中心とした実験で，DNAによる生物の識別，生きた細胞の観察（DNAの局在する核の観察），さらにDNAの物理的性質を体験する．「科学と文化」では，音楽を題材としている．ギターの弦を用いて，音階と弦の振動との関連について考察し，「科学なしでは解けないが，科学だけでも解けない」問題について学ぶ．

この科目は，自然と親しむことを目的としている新しい実験科目であり，従来の基礎実験技術の習得を目的した科目とは異なる．内容は，2年間の数多くの議論と予備実験を経て完成したものであるが，受講者個人のテーマに関する関心度の問題や基礎技術の未習熟に基因する実験実施上の困難が生じる可能性をはらんでいる．それらに関しては，今後積極的に改善に取り組む予定であり，受講者の多くの意見や批評を期待するものである．

最後に，この科目が受講者の知的刺激となり，上記目的が達成できることを期待して巻頭の言葉としたい．

2004年3月

東北大学自然科学総合実験テキスト編集委員会

目　次

序　自然科学総合実験を学ぶ前に：レポートの書き方・安全　1

0.1　実験レポートの作成 1
0.1.1　レポートの構造 1
0.1.2　参照資料の引用について 3
0.1.3　レポート作成の際にしてはいけないこと 4
0.2　実験室での事故防止 4
0.2.1　基本的注意事項 4
0.2.2　試薬や機材の取り扱い 5
0.2.3　廃棄物の処理 6
0.2.4　緊急時の心得 6
0.3　本実験で試薬などを取り扱う際のリスク 6

I　地球・環境　9

課題1　環境放射線を測る　10

1.1　はじめに 10
1.1.1　環境放射線 10
1.1.2　放射線被ばく 11
1.2　実験1　自然放射線の測定 12
1.2.1　実験の原理 12
1.2.2　使用器具および操作方法 13
1.3　実験2,3　人工放射線源を用いた実験 15
1.3.1　実験の原理 15
1.3.2　使用器具および操作方法 18
1.4　レポートの作成 20
1.5　参考 20
1.5.1　放射線の発見と正体 20
1.5.2　環境放射線の起源と利用 22
1.5.3　原子核壊変の特徴 24
1.5.4　放射線の単位と線量 26
オンライン教材 27

II 物質 29

課題5 導電性高分子の合成 30

5.1 はじめに 30
5.1.1 導電性高分子とは 30
5.1.2 電気伝導の機構 31
5.2 実験1 ポリチオフェンの電解重合 33
5.2.1 実験の原理 33
5.2.2 使用器具 34
5.2.3 実験方法 35
5.2.4 考察問題 36
5.3 実験2 ポリチオフェンの脱ドープ 37
5.3.1 実験の原理 37
5.3.2 実験方法 37
5.4 実験3 抵抗値測定 37
5.4.1 使用器具 37
5.4.2 実験方法 38
5.4.3 考察問題 38
5.5 実験4 反応溶液の紫外可視吸収スペクトル 38
5.5.1 実験の原理 38
5.5.2 使用器具 39
5.5.3 実験方法 39
5.5.4 考察問題 40
5.6 後片付け 41
5.7 結果のまとめとレポートの作成 41
参考文献 41
オンライン教材 42

課題6 有機化合物の合成 43

6.1 はじめに 43
6.1.1 有機合成実験 43
6.1.2 分配 44
6.1.3 クロマトグラフィー 45
6.2 実験1 薄層クロマトグラフィーによる色素の分離同定 45
6.2.1 実験の原理 45
6.2.2 実験に使用する器具・試薬 46
6.2.3 実験操作 47
6.2.4 結果のまとめ 47
6.3 実験2 酢酸イソペンチルの合成 47
6.3.1 実験の原理 48
6.3.2 実験に用いる器具・試薬 49

6.3.3 基本操作 50
6.3.4 実験操作 51
6.3.5 後片付け 54
6.3.6 レポートの作成 55
6.4 問題 56
6.5 発展 57
6.5.1 構造決定とスペクトル 57
6.5.2 赤外スペクトル 57
6.5.3 発展問題 58
参考文献 60
オンライン教材 60

IV 科学と文化 61

課題9 弦の振動と音楽 62
9.1 はじめに 62
9.1.1 音楽に潜む普遍性と多様性 62
9.1.2 実験の概要 63
9.2 基礎知識（実験の原理） 63
9.2.1 音色と音階 63
9.2.2 定常波と振動モード 64
9.2.3 スペクトラム・アナライザ 65
9.2.4 ギターの音階 65
9.3 実験1　弦の振動 68
9.3.1 実験器具 68
9.3.2 実験方法 69
9.3.3 考察 70
9.3.4 実験1と実験2のつながり 70
9.4 実験2　音楽と科学 71
9.4.1 実験器具 71
9.4.2 実験方法 71
9.4.3 追加実験：ピアノの倍音 78
9.4.4 考察 78
9.5 2週目で行う議論 79
9.6 「文化と科学」の関係についての考察 80
9.7 レポートの構成 80
9.8 発展：フーリエ級数展開，倍音と音色 81
9.8.1 フーリエ級数展開 81
9.8.2 展開の例：どこまで再現できるか 81
9.9 参考：有効数字 84
参考文献 85

オンライン教材 86

V 生命 87

課題 11 DNA による生物の識別 88

11.1 はじめに 88
11.1.1 DNA と遺伝情報 88
11.1.2 DNA の構成単位ヌクレオチド 89
11.1.3 二重らせんと相補的塩基対 91
11.1.4 DNA 分子の方向性 92
11.1.5 DNA 分子の大きさ 92
11.1.6 セントラルドグマ 92
11.2 実験　PCR による DNA の増幅と電気泳動による DNA の分析 93
11.2.1 実験の原理 93
11.2.2 使用器具および試薬 97
11.2.3 実験方法 98
11.3 レポートの作成 102
11.3.1 レポートのまとめ方 102
11.3.2 結果のまとめ方のポイント 102
11.4 問題 103
11.5 発展 103
11.5.1 PCR 技術の展開 103
11.5.2 エチジウムブロマイドの危険性と取り扱い 105
11.5.3 試薬類の調製 106
参考文献 108
オンライン教材 109

課題 12 波の回折による物体の構造の解析 110

12.1 はじめに 110
12.1.1 DNA の二重らせん構造 110
12.1.2 構造解析による構造生物学 111
12.1.3 波の回折 112
12.2 準備　細線による光の回折 114
12.2.1 主な器具と材料 114
12.2.2 試料の準備 114
12.2.3 測定系の構築 115
12.2.4 光の回折パターンの観察 115
12.2.5 予備実験 115
12.3 実験 1　細線直径の見積り 116
12.3.1 理論 116

12.3.2 実験方法 117
12.3.3 実験結果の解析とレポート作成 118
12.4 実験 2 らせん構造による光の回折 118
12.4.1 実験方法 119
12.5 レポートの作成 119
12.5.1 執筆に際して注意する事項 119
12.5.2 レポートに記載する事項 119
12.6 発展 121
12.6.1 二重スリットでの回折 121
12.6.2 二重スリットでの回折の定量的説明 123
12.6.3 有限幅単スリットでの回折の定量的説明 124
12.6.4 有限幅二重スリットおよびらせん構造での回折 124
12.6.5 有限幅二重スリットでの回折の定量的説明 125
参考文献 126
オンライン教材 126

付録 A 測定値の取り扱いとグラフの描き方 127

A.1 測定値の読み取り方 127
A.1.1 アナログとデジタル 127
A.1.2 目盛（ものさし，メーター，メスシリンダーなど） . 128
A.1.3 副尺（ノギスなど） 129
A.1.4 ねじマイクロメータ 130
A.2 有効数字 131
A.2.1 数値計算と有効数字 132
A.3 誤差 132
A.3.1 系統誤差 133
A.3.2 偶然誤差 133
A.3.3 統計誤差 134
A.4 誤差の伝播 135
A.5 最小二乗法 136
A.5.1 算術平均 136
A.5.2 平均値の誤差（最確値の分散） 137
A.5.3 間接測定（最小二乗法による関数のあてはめ） 138
A.6 グラフの描き方 139
A.6.1 レポート用のグラフ作成 140
A.6.2 正方方眼紙 141
A.6.3 対数方眼紙 141
A.6.4 関数のあてはめ（フィッティング） 143
A.6.5 片対数グラフから係数を求める方法 143

付録B 国際単位系・科学基礎定数・ギリシャ文字 145

索 引 149

「自然科学総合実験」は全部で 12 課題から構成され，電子書籍には 12 課題すべてが掲載されています．本書はその中から 2024 年度に行う 6 課題を抜粋しています．

自然科学総合実験 Web サイトでは，本書では扱いきれなかった，受講生へのガイダンス，学習のアドバイス，FAQ などを掲載しています．
https://jikken.ihe.tohoku.ac.jp/science/index.html

自然科学総合実験を学ぶ前に：レポートの書き方・安全

0.1 実験レポートの作成

0.1.1 レポートの構造

自然科学の論文には，実験結果などを基にしてその自然科学的な解釈および意味や位置づけが記述される．論文が公の場に報告されることではじめて，学問分野や社会の発展に資することになるのである．自然科学総合実験では，皆さんが書く実験のレポートを，成績評価の一要素として用いる．それだけでなく，実験を行いそれを科学的な文書によって公表するという自然科学研究の体験を繰り返すことで，その営みを身につけることが目標の一つになっている．

レポートは他の人が読むことを目的として書かれるものであるから，読む人が理解できることを意識して書くことがとても重要である．以下の点を参考にしてわかりやすいレポートを書くことを心がけよう．なお，物理学，化学，地学，生命科学などの自然科学諸分野ごとに論文の形式には若干の違いがあり，本実験の各実験課題にもそれが反映されている．実験課題ごとの詳細については担当教員の指示に従うこと．

- 目的
  この実験課題を通して何を学ぶのか．各課題の序文を熟読し，その背景などをふまえて意味を読み取り，説明を加えながら目的を書く．テキストにある文章を丸写しにするのではなく，目的を的確に表す文章を見極め，簡潔に説明を加えるように構成すれば，わかりやすくなる．
- 原理
  前項の目的を達成するための実験を行ううえで必要となる，自然科学的な原理や理論あるいは測定法の基礎事項などについて，その要点をまとめる．読者は，「目的」と実際の「実験」の記述だけを読んでも，その実験でなぜ目的を達成できるのか，そのつながりを理解することは容易ではない．この項は，「目的」と「実験」の論理的な橋渡しをする役割を担う．
- 実験方法
  この章は，分野によって，「実験」(Experiments)，「実験方法」(Experimental Procedure)，「方法」(Methods)，「材料と方法」(Materials and Methods) など呼び方に違いがあるが，その役割は共通で，実際に使用した試料，測定器，測定条件，実験操作などについて記述する．なるべく簡潔に書くことが望ましいが，最初のうちは何を書き，何を省くかの判断に迷う場合があるだろう．他の人がこの部分を読んで実験を再現できるようにすることを意識しながら書くとよい．この項目を不足なく書けるように，測定・実験条件などは詳細に実験ノートに記録しておくこと．

- 実験結果

単に「結果」とすることもある．実験により得られた結果を客観的に記す．測定データは表やグラフ（手書き）に表すとともに，その見方や特徴，意味などを記述してどのような実験結果になったのかを表す．同じ表やグラフを見ても，読者によって見方は異なるため，その結果をどう見るのか，どのような特徴や傾向があるのかを文章で説明することが必要である．ただし，その結果がどのような“意味”を持つかという推論は考察で行うので，ここでは客観的な事実のみを記せばよい．

・図表の扱い方：レポートの中では，グラフ，スケッチ，装置の解説図，実験手順の流れ図などはすべて図として扱う．図には図番号とタイトルを付け，これらは図の下部に配置する．一方，表は図とは別に表番号とタイトルを付け，これらは表の上部に配置する．タイトルに続けて図表の説明（キャプション）もあったほうがよいだろう．本文中では図表番号で言及する（「下記に示した」ではなく「図1に示した」とする）．本文ではすべての図表に言及する必要がある．本文中で説明されていない図表があってはいけない．

- 考察

実験結果の自然科学的な解釈を記述する．これにより実験結果は自然科学の見方による意味を与えられ，それに基づく論理的な議論へと発展していくことになる．これが考察である．何を書いたらよいかわからないと思ったら，実験課題の目的を読み返し，それを達成するためにどのような実験を行ったかを見直せば，実験結果の自然科学的な意味や位置づけを再確認することができる．さらに，関連する文献や資料などを調べて自分なりに議論を深めることができれば一層優れた考察となる．

・設問の解答：各実験課題のテキストの中あるいは最後に設けられた設問は，実験結果の解釈や考察項目と密接に関連しているので，これを基にして考察を進めることもできる．

- 結論

何を目的とし，どのようなことを実験により調べたら，何がわかったのかを簡潔にまとめる．全体を見渡して目的部分と実験結果・考察のつながりを意識し，目的がどのように（どの程度）達成されたのかを簡潔に記述すれば，読者は全体像を読み取ることができ，レポートがわかりやすくなる．

- 参考文献

レポートの最後には，作成の際に参考とした外部の文献をまとめる．本文中での文献の表示の方法，文献の参照の方法については次節で述べる．

0.1.2 参照資料の引用について

レポートを書くうえでは，本テキスト以外の様々な文献資料の知見を利用し，自分の主張を客観的に補強したい場合がある．実験課題によっては「○○について調べなさい」という設問もある．このように書籍や論文などの他者による記述を利用する際には以下の「引用」のルールに従う必要がある．

- 公表された著作物であること．引用できる文献は公表された著作物でなければならない，他人のレポートなどの非公開物は引用できない．
- 引用部分が明瞭に区分されていること．自分の文章と引用した資料による文章がはっきりと区別がつくようになっている必要がある．
- 引用は「従」であること．あくまでも自分の書く文章が「主」であり，引用部分は量的にも，また論旨・主張のうえでも「従」でなければならない．

引用にはいくつかの形式（書式）があるが，本実験のレポートでは引用順に文献番号（式番号 (1) などと区別するために [1] のように表記する）を振り，末尾の文献リストを番号順に作成する，いわゆるバンクーバー方式を用いるのがよい[1)]．

引用には「直接引用」と「間接引用」がある．間接引用は元の文章を要約して示す方法で（下記例文の [1]）引用箇所に文献番号を付けることで引用であることを明示する．この場合には元の文意を変えてしまわないように注意する必要がある．直接引用は資料の文章をそのまま示す方法で，短い文章の場合には「カギ括弧」で囲み，長い文章の場合には段落とインデントを変えるなどして引用であることを示す（下記例文の [2]）．

1) この他に，引用部分に著者名を示し，文献リストを著者のアルファベット順（あるいは五十音順）に作成するハーバード方式もよく使われる．引用を脚注にする書式もある．

引用の例

自然科学総合実験についての調査によると，８割以上の受講者がこの科目に意欲的に取り組んでおり，また成績が A 評価となる受講者も８割を越えることが示されている [1]．この結果について広瀬川 [2] は以下のように分析している．

> 自然科学総合実験の受講者が高い意欲をもち優れた成績を修めているのは，科学的な文章が書けるようになりたいという明確な目標を持ち，また新しい課題に挑戦することに喜びを見出しているからだと考えられる．

参考文献

[1] 青葉緑『東北大学自然科学総合実験に関する調査報告書』川内出版，2025，p.10

[2] 広瀬川潔『東北大学における学びについて』片平書房，2026，p.85

なお，本実験のレポートは本テキストに基づいて作成されることが前提であり，本テキストは受講生と教員とで共有されているので，このテキスト自体を参照資料として引用する必要はない．

0.1.3 レポート作成の際にしてはいけないこと

レポートを作成する際にしてはいけないことは，将来研究活動を行う際の禁止事項と共通している．存在しない実験結果やデータなどを作り上げる「捏造」，結果などを真正でないものに加工する「改ざん」，他の研究者によるアイデアや論文，データなどを了解なしにもしくは適切な表示なしに流用する「剽窃（ひょうせつ）」は絶対にしてはいけない．具体的には，自分の都合のよいように実験データを捏造あるいは改ざんしたり，他の人のレポートや論文，ウエブサイトなどにある内容をそのままコピーしてレポートを作成し，あたかも自分で考えたかのように見せかけることなどの不正行為である．このような不正行為が認められた場合には厳正に対処する[2]．

[2] 罰則については「全学教育科目履修の手引き」を参照．

0.2 実験室での事故防止

「自分の安全は自分で守る」ことが，安全確保における基本である．テキストをよく読んで実験内容と操作手順をあらかじめ把握しておくことに加え，使用する機器や試薬の取扱いと注意点にも目を通しておくこと．また，授業の開始時における実験の内容説明を注意深く聞き，より具体的に理解することによって事故防止に努めよう．

自然科学総合実験ウェブサイトの「安全上の諸注意」にも目を通すこと．安全教育ビデオも掲載されている[3]．

[3] http://jikken.ihe.tohoku.ac.jp/science/guidance/precautions-on-safety.html

0.2.1 基本的注意事項

- 実験台の整理整頓を心がけると同時に，実験台上には，実験に不要なものを置かないようにする．鞄やコートなどは実験台の下に置いておく．
- 実験器具・試料は使用後は必ず所定の場所に戻す．
- 実験装置には，回路が露出している部分もあるので感電しないように注意する．
- 実験室・実験装置は高湿度や結露により悪影響を受けるため，実験室へ傘は持ち込んではいけない．
- 試薬を取り扱う実験課題 2，5，6，10，11 では白衣を着用して実験する．

0.2.2 試薬や機材の取り扱い

試薬

試薬の中には，引火性や有害性を持つものも含まれる．試薬を使用する場合や廃棄する場合は，課題ごとにテキストなどに記されている取り扱いの記述をよく読むとともに，教員の指示を守って，慎重に行うこと．

- 試薬の種類に対応して適切な防護具（マスク，保護メガネ，手袋など）の指示があるので必ず着用する．
- 悪臭のある物質や有毒ガスを発生する実験は，ドラフト内で行う．実験室の環境を良好に保つため，その使用にあたっては十分注意する．

放射性同位元素 (RI)

RI 貯蔵箱から RI 線源を取り出して使用するときは，必ず「RI 貸し出しノート」に記録し，使用後は返却の確認を行う．

液体窒素

- 液中に手などを絶対入れてはいけない．
- 布製の手袋や衣服は，液体窒素が飛び散って繊維の間に入り，その部分の皮膚が凍傷を起こすことがあるので注意する．
- 液体窒素で冷やされているものに直接手を触れるとくっついて取れなくなることがある．用意してある革手袋を使用する．
- 液体窒素の中に大量の物を入れたり，室温の容器に急に入れたりすると，気化によって体積が急増し，爆発と類似した現象が起こるので危険である．液体窒素を別のデュワー容器などに移しかえる場合には，十分に換気したうえで少しずつ注いで容器を冷やしながら，注意深く行う．

レーザー光

レーザー光は，一般的な光源からの光とは異なり拡散せずに進むため，小さな出力であっても大きなパワーを持っている．可視光領域のレーザーが眼に入ると，眩しさのため眼をつぶる反射（瞬目反射）が起こるが，パワーが大きい場合，角膜や水晶体を透過して網膜に損傷を与える可能性がある（可視光領域外の紫外線や赤外線のレーザーは角膜や水晶体を損傷する）．損傷を受けた網膜の細胞は再生しないので永続的な障害となり，視野の欠損などを生じてしまう．

課題 12 で使用する半導体レーザーは出力が 1 mW 以下であり，国際電気標準会議（IEC）により規定されたレーザー安全性クラスではクラス 2 に分類される．クラス 2 のレーザーは，瞬目反射によって露光が 0.25 秒までに制限されるので安全と判断されている．しかし安全のために，レーザーが発振しているときは保護メガネを着用しておくべきである．

0.2.3　廃棄物の処理

この実験により発生する廃棄物には，使用済みの反応液や試薬，ろ紙，反応によって生成した固形物，破損したガラス器具などがある．廃棄物の処理にあたっては，指示に従い，間違いのないように注意して廃棄すること．疑問に思った場合や，判断に迷った場合には，担当教員または TA に確認すること．

- 反応液や使用済みの薬品は，流しに捨ててはいけない．
- 廃棄物は指定された容器に分別廃棄する．本来廃棄すべき容器と異なる容器に廃棄してしまった場合には，教員または TA に必ず申し出ること．

0.2.4　緊急時の心得

大きな地震があった場合には，まず身の安全を確保することを第一に考えること．落下・転倒物の被害に遭わないようにするために，事前に注意しておこう．また，各実験場所には人数分のヘルメットが備えられているので，必要に応じて利用すること．ヘルメットの着用は，揺れの最中だけでなく，その後の安全のため（特に建物の外に出るとき）にも重要である．揺れがおさまった後に避難する経路は各実験場所に掲示されているが，その場にいる教員・TA の指示が最も頼りになる．避難が必要と判断される場合には実施本部から全館放送によりアナウンスするが，停電となった場合にはハンドマイクを用いて知らせる．指定された避難場所に到着したら，安全確認を行う．

0.3　本実験で試薬などを取り扱う際のリスク

危機管理の用語としてのリスクという言葉は，ある行動をとったときに被る可能性のある被害の程度を表すもので，事故が起こる頻度と事故が起きた場合に生じる被害の重大さの両方から評価される．危険性の高い試薬を用いる実験でも，試薬の使用頻度や量を減らしたり，使用時間を短縮するなどの措置を行うことでリスクを低く抑えることができる．ただし，いくら可能性が低いとしても回復不可能な事故を誘発し得るものは，その使用を慎重に検討する必要がある．次項以下をよく読んで本実験で用いる試薬の危険性を把握して，安全に実験を行えるよう心懸けよう．低温や高温，感電，放射線，レーザー光など他の危険性をもたらすリスクについても，基本的な考え方は同じである．

試薬の危険性

一概に危険な試薬といっても，その危険性は様々である．危険な化合物といわれて強酸や強アルカリ，塩素ガスなどの反応性が高い化学品を連想するかもしれない．しかし，フグ毒やヘビ毒などの天然物毒素のように，化学的安定性が比較的高いものでも強い有害性を示す化合物は珍しくなく，毒性がそれほど高くなくても爆発などを起こしやすい化合物もある．化学品を安全に取り扱うには，対象とする化学品がどのような危険性を有しているのかを把握し，それに見合った取り扱いを行うことが重要になる．

化学品の危険性については，**SDS** (safety data sheet) [4] にかなり詳細に記されているので，これを熟読して取り扱うのが最も好ましい．また試薬容器のラベルに記載されているシンボルマークや危険有害性情報などを確認するだけでも，どのような扱いをすべきかを把握できる．この危険性情報の表示は，国連の勧告によって策定されたGHS (The Globally Harmonized System of Classification and Labelling of Chemicals) に準拠したもので，世界共通のものである[5]．図0.1には，本実験で使用する試薬のうち，このGHSの表示が推奨されている化学品のラベルに表示されるシンボルと危険有害性情報を列挙している．

図0.1に見られるように，本実験でも様々な危険性を有する試薬を使用する．しかし，それをもってこの実験は危険なので行うべきではないと考えるのは早計である[6]．一般に学生実験は，使用する試薬の危険性を考慮して計画されており，想定されるリスクが低くなるように設計されている．図0.1に挙げた試薬類についても，使用量と使用機会を十分に減らすことで重大な事故が起きないよう配慮されている．

たとえば硫酸は，本実験で使用する試薬の中で最も危険性が高い試薬の一つで，急性毒性を示す（ラットで評価した場合，ミストの濃度 347 mg/m^3, 3 h の条件で半数の個体が死亡すると評価されている）．しかし，本実験での硫酸の使用量は1グループあたり2滴程度なので，上に挙げたようなミストが発生するとは想定しづらく，また，実験者がそのような条件に長時間さらされ続けることもあり得ない．他の試薬や，急性毒性以外の危険性についても同様で，本実験で想定した取り扱いを行う範囲では重度の障害を被るような問題が発生することはまず考えられない．むしろ，そうした事故よりも眼球や皮膚などの損傷に注意を払うべきである．そのためには，薬品が付着しないよう保護具を装着して実験を行うことに加え，万が一薬品が付着した場合には速やかに洗い流すことを心懸けること．

[4] 厚生労働省のSDS解説ページ http://www.mhlw.go.jp/new-info/kobetu/roudou/gyousei/anzen/130813-01.html

独立行政法人 製品評価技術基盤機構のSDS制度の紹介ページ http://www.nite.go.jp/chem/prtr/msds/msds.html

などを参照のこと．実際のSDSは各試薬会社のWeb上などに掲載されていて，製品の購入者でなくとも無料でダウンロードすることができる．

[5] GHSについては，環境省のウェブサイトに説明がある（http://www.env.go.jp/chemi/ghs/）ほか，

自然科学総合実験のウェブサイトにも説明がある (http://jikken.ihe.tohoku.ac.jp/science/guidance/GHS.html)．

[6] 何事を行うのにも何らかのリスクは必ず生じ，リスクを完全に排除することはできないので，何かを行う際には必ず実現可能な範囲でリスクを減らす検討を行ったうえで，予想されるリスクと得られるメリットを比較して行う価値があるかどうかを決定する．

図 0.1　本実験で取り扱う GHS シンボルのついた試薬類.

I
地球・環境

環境放射線を測る

● 課題の概要 ●

私たちの生活環境には常に環境放射線が存在している．この課題では，代表的な環境放射線の一つであるガンマ (γ) 線に着目し，身近な環境での線量率測定や γ 線源を使った実験を行う．実験を通して，環境放射線としての γ 線の起源や自然放射線からの被ばく，γ 線の基本的な性質について理解を深める．

1.1 はじめに

1.1.1 環境放射線

私たちの生活環境に存在する放射線は**環境放射線**と呼ばれている．地球上のあらゆる生命は環境放射線の存在のもとで誕生し，進化してきたが，人類が放射線を認知したのはこの 1 世紀あまりのことである．放射線は，高い運動エネルギーを持った素粒子または原子核と高エネルギーの電磁波を総称したもので，アルファ (α) 線，ベータ (β) 線，ガンマ (γ) 線，中性子線，ミュー (μ) 粒子線などがある．α 線はヘリウム原子核，β 線は電子（あるいはその反粒子である陽電子），γ 線は高エネルギーの電磁波である．物質内の原子に対して直接的な電離作用を持つ放射線（α 線，β 線，γ 線など）のことを特に電離放射線と呼ぶ．環境放射線のうち，自然界にもともと存在するものを特に**自然放射線**，人の活動に伴って作り出されたものを**人工放射線**と呼ぶことがある．

自然放射線の起源は，**宇宙線**と**天然放射性同位元素（天然放射性同位体）**[1] に分類できる．

宇宙から到来した高速の陽子を主成分とする一次宇宙線は，大気と衝突して様々な粒子を生み，これらは二次宇宙線として地表に降り注いでいる（地表で観測されるものは主に μ 粒子や中性子である）．

天然放射性同位元素には，天然一次放射性核種，天然二次放射性核種，宇宙線起源核種がある．天然一次放射性核種はウラン 235, 238(^{235,238}U)，トリウム 232(^{232}Th)，カリウム 40（^{40}K, 天然カリウム中に 0.0114% 存在）などを指し，原始放射性核種とも呼ばれる．水素を除くすべての元素は，宇宙空間や星で起こる原子核反応によって作られ，このとき多くの放射性同位元素も作ら

[1] 原子核を構成する陽子の数 Z（= 原子番号）が同じで，中性子の数 N が異なる核種を同位元素（同位体）と呼ぶ．放射線を発生する能力（放射能）をもつ同位元素（同位体）を放射性同位元素（放射性同位体）と呼ぶ．たとえば，酸素（原子番号 8）には質量数 $A = Z + N$ が 16, 17, 18 のもの（^{16}O, ^{17}O, ^{18}O と書く）が自然界に安定に存在する．質量数 13〜15, 19〜24 の酸素は短時間であれば存在できるが，しばらくすると放射線を放出してより安定な原子核に変化する．

れた．たとえば，太陽などの主系列星では，水素原子核からヘリウム 4 (^{4}He) が，赤色巨星では，^{4}He から炭素 12 (^{12}C) が，^{4}He と ^{12}C から酸素 16 (^{16}O) が作られた．^{235}U，^{238}U，^{232}Th などは，中性子星連星合体や特殊な超新星爆発で発生した多量の中性子を原子核が吸収したのち，放射性壊変を繰り返して作られたと考えられている．宇宙空間をただよう星間物質（塵）には安定な元素だけでなく，放射性同位元素も多量に含まれており，地球誕生時にこれらが地殻などに取り込まれた．天然一次放射性核種は，地球の年齢（約 46 億年）に匹敵するような長い寿命（半減期）で徐々に壊変しながら放射線を放出し，大地からの自然放射線の源になっている．^{235}U，^{238}U，^{232}Th などの天然一次放射性核種が壊変して生まれるラジウム (Ra) や，ラジウムがさらに壊変して生まれるラドン 222 (^{222}Rn)，ラドン 220 (^{220}Rn, トロンとも呼ぶ）などは天然二次放射性核種と呼ばれる．また，大気上層では一次宇宙線によってベリリウム 7 (^{7}Be)，炭素 14 (^{14}C)，ナトリウム 22 (^{22}Na) などの放射性同位元素が絶えず生成しており，これらを宇宙線起源核種と呼ぶ．

人工放射線は科学技術の進歩や社会情勢の変化に伴い生まれてきたものであり，原子力発電所，原子力兵器，加速器などで生成される．人工放射線は，基礎研究だけでなく，医療や工業，食品産業にも利用されている．たとえば，X 線 CT やレントゲン撮影は病気の診断に，重粒子線はガン治療に活かされている．工業では非破壊検査や化学分析，また化合物の合成・変性に，食品産業では殺菌処理のほか，品種改良，発芽止めなどに利用されている．一方で，原子力発電所などから排出される使用済み放射性廃棄物の取り扱いは社会に対する大きな負荷になりつつある．

1.1.2 放射線被ばく

日常生活において人体が 1 年間のうちに受ける放射線量（**被ばく線量**）を世界平均と日本人について比較したものを図 1.1 に示す[2)]．被ばく線量は，放射線が人体に与える影響を考慮した線量の単位**シーベルト** (sievert, Sv)[3)] を用いて表す．日本人の被ばく線量の内訳をみると，自然放射線（図中灰色部分）が全体のおおよそ 35%を占め，医療用放射線が全体の 65%を占めていることがわかる．

ラドン・トロンおよび食品からの被ばくは，体内に取り込まれた放射性同位元素に起因する内部被ばくに分類される．化学的不活性な放射性の貴ガスであるラドンやトロンは，建物や岩石・大地などから大気中に放出され，吸入によって体内に取り込まれる．食品にごく微量含まれる鉛 210 (^{210}Pb) やポロニウム 210 (^{210}Po)，^{40}K などの放射性同位元素は経口摂取により体内に取り込まれる．日本人は世界平均と比較してラドン・トロンからの被ばくが少ないが，この背景には，日本家屋の通気性がよく，屋内のラドン・トロンが屋外へ拡散しやすいことがある．また，食品からの被ばく線量が世界平均に比べて高い背景

[2)] 日本人の環境放射線被ばく線量 (mSv) [「生活環境放射線」原安協 - 2011 より]

[3)] X 線や γ 線，β 線の場合には，1 Sv = 1 J/kg であるが，α 線の場合には 20 Sv = 1 J/kg である．

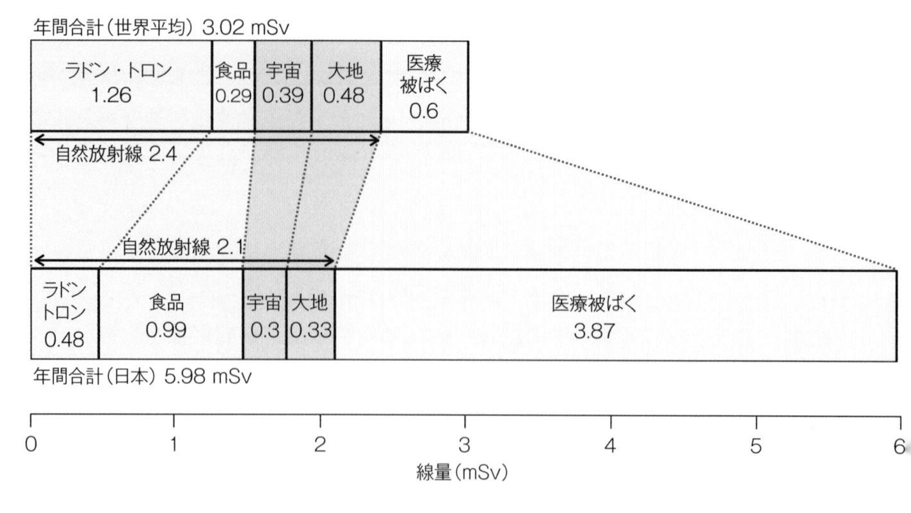

図 1.1 年間被ばく線量の内訳．平均的な日本人が 1 年間に環境から受けるおおよその放射線量を世界の平均的な値と比較した．

には，^{210}Pb や ^{210}Po を含む魚介類の摂取量が多いことがある．

二次宇宙線である μ 粒子線や，大地の放射性同位元素に由来する γ 線による被ばくは，外部被ばくに分類される．宇宙線や大地からの被ばく線量の内訳は，居住環境などによっても変化する．たとえば，標高の高い地域に住む人や日常的に航空機を利用する人は，宇宙線による外部被ばく線量が相対的に高くなる．また，ラジウムやウラン，トリウムが土壌に多く含まれる地域では大地からの自然放射線量が高いことが知られている．日本国内でも大地からの自然放射線量は地域によって異なっており，ウランやトリウム，カリウムを多く含む花崗岩質の大地では自然放射線量が高くなる傾向がある．

1.2 実験 1 自然放射線の測定

実験室周辺に 10 箇所程度測定点を選び，放射線量モニターで環境放射線量率を測定する．身近な環境での線量率について，傾向や平均値，計測の振れ幅を確認する．

1.2.1 実験の原理

放射線検出器

γ 線が物質中を通過するとき，主として電磁相互作用により，そのエネルギーの一部またはすべてを失う．この失われたエネルギーを最終的に電気信号に変換することにより，γ 線を検出することができる．多くの検出器はこのような仕組みを利用して放射線を測定する．一般的には放射線による電離作用を利用する場合が多いが，放射線の種類やエネルギーにより，適切な測定方法と測定装置を選択する必要がある．

この課題では，比較的手軽で便利な放射線検出器として使用されてきたCsI(Tl)シンチレーション検出器を用いて放射線を測定する．図 1.2 に示すように，CsI(Tl) シンチレーション検出器では，放射線（γ 線）が CsI(Tl) シンチレータに吸収された時に生じる光を，光センサーとして広く用いられているシリコンフォトダイオードによって電気信号に変換し，計測している．シンチレーション検出器の一般的な特徴には，

- 放射線を検出する物質量が他の放射線検出器（たとえばガイガー・ミュラー計数管）などに比較すると大きいため γ 線検出効率が高い．
- 放射線がシンチレーター内で失ったエネルギーに比例する信号を得ることができるためエネルギー測定ができる．
- 検出器の応答時間（検出器に放射線が入射して電気信号として出力されるまでの時間）が早いため高計数の測定ができる．
- 粒子による発光成分や応答時間が異なっているシンチレータがあり，ある程度放射線の種類を弁別することが可能である．

などがある．

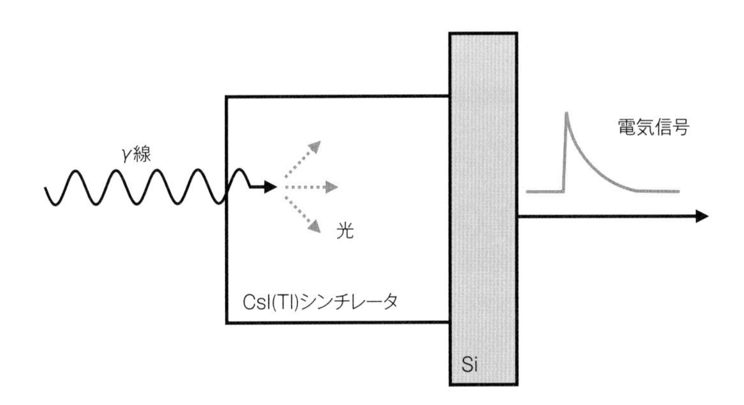

図 1.2 シンチレーション検出器．

1.2.2 使用器具および操作方法

(1) 使用器具

- 放射線量モニター（CsI(Tl) シンチレーション検出器，SV-2000）
- ストップウォッチ
- 定規またはメジャー

(2) 放射線量モニター SV-2000 の操作方法

注意！

放射線量モニターは丁寧に取り扱う．ぶつけたり，落としたりするようなことのないよう慎重に扱う．

γ 線の測定には，CsI(Tl) シンチレーション検出器である放射線量モニター SV-2000 を用いる．図 1.3 に示すように，シンチレータ，放射線量表示などが一体になっている．シンチレータは上部に位置する．POWER を長押しすることで電源の入切ができる．MODE を 1 回押すごとに，

1. 放射線量を 1 分間の平均計数率から μSv/h で表示するモード
2. 放射線量を 1 分間の平均計数率から mSv/年で表示するモード
3. 放射線量の積算値を μSv で表示するモード

に切り替わる．本実験では上記 1 のモードを使用する．<u>直近1分間の平均計数率から換算した時間当たりの線量を表示していることに留意し，測定開始から1分以上経過後に値を読むこと．</u>

放射線の検出頻度に応じてビープ音を鳴らすことができる．MODE を長押しするとビープ音の設定画面に移行し，以降 MODE を 1 回押すごとに入切が切り替わる．線量率の表示画面には POWER を一度押して戻ることができる．

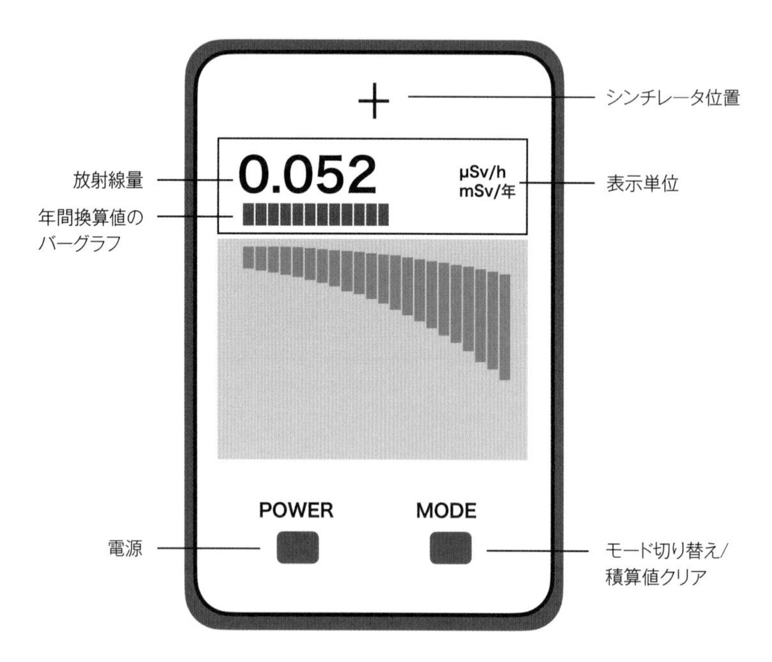

図 1.3　γ 線用放射線量モニター (SV-2000).

(3)　実験 1 の方法

1. 放射線量モニターを起動し，机上で 5 回（各回の間は 60 秒空ける）測定し，測定値のばらつきを確認する．以後，この程度の測定値のばらつきがあるものとして実験結果を解釈する．
2. 実験室周辺地図（図 1.4）に測定点を記録し，放射線量モニターを用いて環境放射線レベルを測定する．放射線量モニターを測定場所に置いた後 60 秒後の値を読むこと．測定条件，たとえば「壁面から 5 cm で床から 1 m」などもできるだけ詳しく記録する．また貯蔵箱や樹木など，目印となるものや特別の測定対象も図に可能な限り記入する．
3. 放射線量モニターの表示値がどのくらいの範囲で揺らぐかを記録しておくと考察の助けになる．
4. 測定値を用いて，年間の被ばく線量を計算する．どのように見積もったかレポートに記載すること．

1.3　実験 2,3　人工放射線源を用いた実験

注意！

- 線源は必ず借り出しノートに記入の上，保管庫から出し入れする．
- 線源は落したりしないように十分注意する．

γ 線を放出する人工放射線源を用いて，線量率と距離，線量率と遮蔽材の関係を調べる．

1.3.1　実験の原理

(1)　^{60}Co および ^{137}Cs の放射壊変

コバルト 60 (^{60}Co) は，5.27 年の半減期で ^{60}Ni（ニッケル 60）の 2.5058 MeV 励起状態にベータ壊変（1.5.1 項を参照）をする．この状態は不安定なため，非常に短い時間で 1.173 MeV, 1.332 MeV の 2 本の γ 線を放出し ^{60}Ni の基底状態（安定状態）に遷移する．

セシウム 137 (^{137}Cs) は，30.07 年の半減期で ^{137}Ba（バリウム 137）の 0.662 MeV 励起状態にベータ壊変をする．この状態は不安定で，0.662 MeV の γ 線を放出し ^{137}Ba の基底状態（安定状態）に遷移する．

(2)　物質による放射線の吸収・散乱

放射線が物質を通過するときの振る舞いは，放射線の質量・電荷・エネルギーなどによって異なる．

課題 1　実験 1　地図　　　学籍番号：　　　　　　氏名：

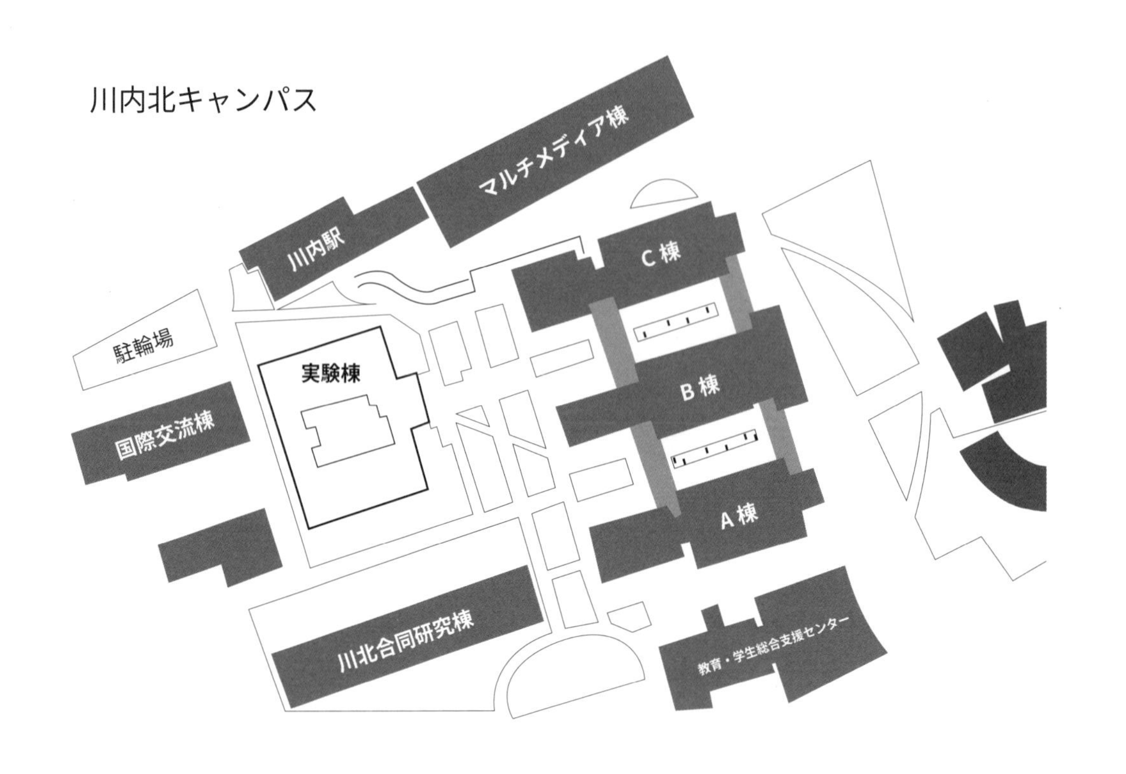

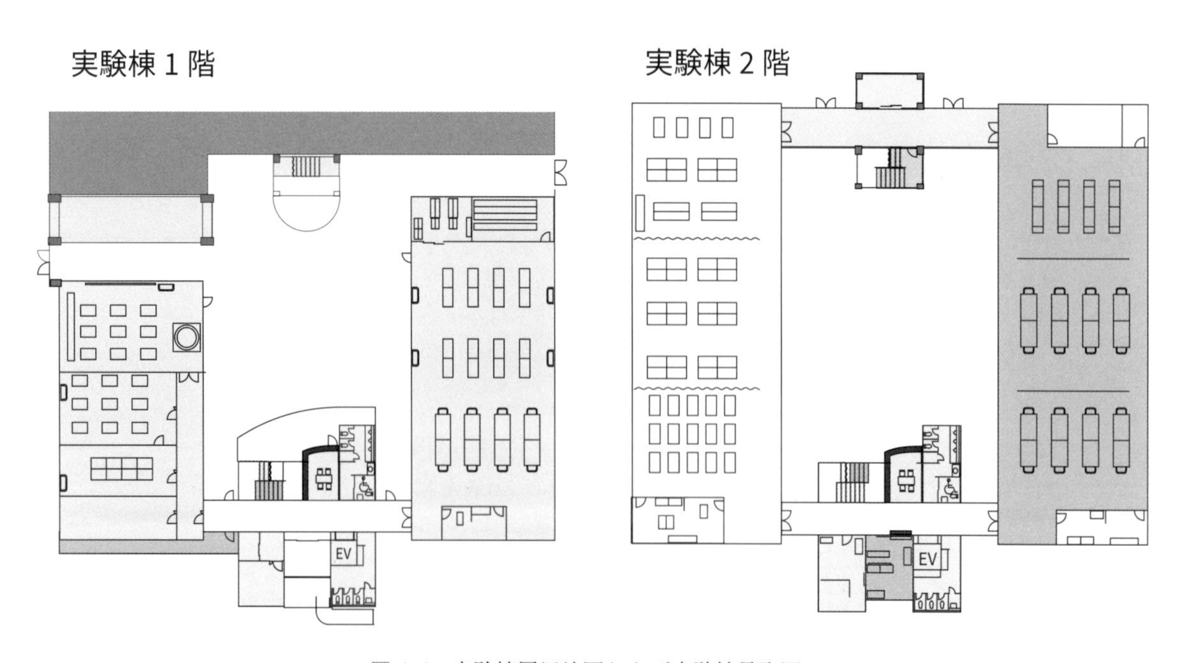

図 1.4　実験棟周辺地図および実験棟見取図.

アルファ（α）線やベータ（β）線のように，電荷を持った放射線（荷電粒子線）が物質に入射すると，その運動エネルギーをしだいに失っていき最終的には静止する．荷電粒子線が物質中で失う運動エネルギーの割合は，おおよそ放射線の持つ電荷の二乗に比例し，速度の二乗に反比例することが知られている．物質内に入ってから最終的に静止するまでの距離の平均値を飛程と呼ぶ．α 線の場合，β 線に比べるとその質量がはるかに大きいため同程度の運動エネルギーではその速度が小さい．したがって α 線の飛程は β 線に比べるとはるかに小さい．

γ 線はエネルギーの高い電磁波（光子）であり，励起状態にある原子核が電磁相互作用により，安定な状態に遷移するときに放出される．γ 線は物質中で**光電効果**，**コンプトン散乱**，**電子・陽電子対生成**などの電磁相互作用により吸収および散乱される（図 1.5）．光電効果では，γ 線のエネルギーがすべて電子に受け渡される．コンプトン散乱では γ 線のエネルギーの一部が電子に受け渡され，γ 線の進行方向が変化する．電子・陽電子対生成では γ 線のエネルギーが電子とその反粒子である陽電子の生成に使われ，γ 線は消滅する．光電効果や電子・陽電子対生成では γ 線は吸収され，コンプトン散乱ではエネルギーを失って向きを変えるため，γ 線量率は物質を通過することでしだいに弱くなる．光電効果および電子・陽電子対生成は物質の γ 線の吸収プロセス，コンプトン散乱は物質による γ 線の散乱プロセスで，反応を起こす割合は量子力学で定量的に計算できる．これらの反応を起こす割合は物質の原子番号を Z とすれば，それぞれ光電効果：$\propto Z^5$，コンプトン散乱：$\propto Z$，電子・陽電子対生成：$\propto Z^2$ の関係がある．

物質に入射する前の γ 線量率が I_0 のとき，厚さ x cm の物質を通過した後の線量率は，

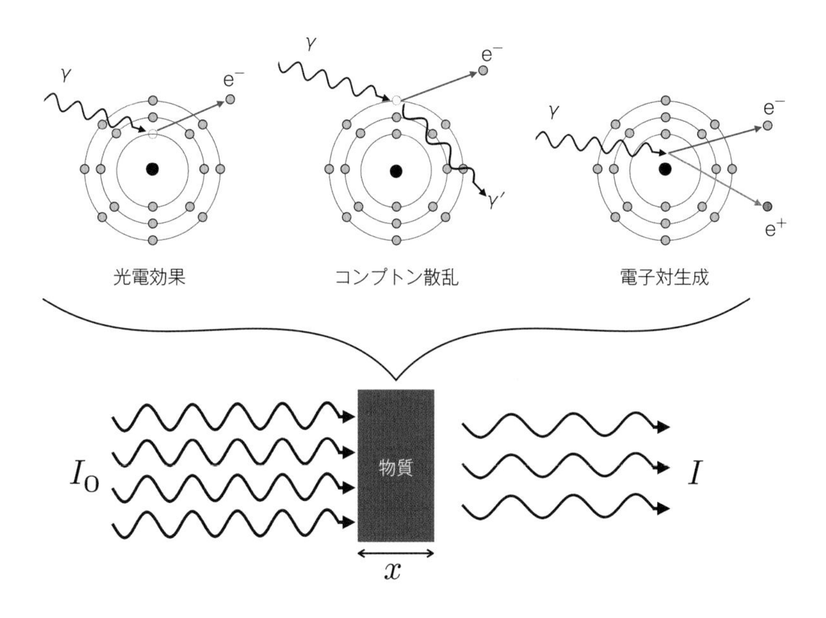

図 1.5 物質による γ 線の吸収・散乱．

$$I = I_0 e^{-\mu x} \tag{1.1}$$

のように指数関数的に減衰する．ここで μ は γ 線の**線減弱係数**（単位：cm^{-1}）と呼ばれ，物質の厚みが μ^{-1} cm 増えるごとに γ 線量率は e^{-1} 倍になる．μ は物質の種類や γ 線のエネルギーに依存する．

1.3.2　使用器具および操作方法

(1)　使用器具

- 放射線量モニター（CsI(Tl) シンチレーション検出器，SV-2000）
- ストップウォッチ
- 遮蔽板（アルミニウム板，岩石板，鉛板）各 5 枚
- 鉛コリメータ
- アクリル固定台
- スケール付き台
- 遮蔽カバー
- ^{60}Co 密封線源または ^{137}Cs 密封線源

(2)　実験 2 の方法　線量率と距離

1. 放射線量モニターを図 1.6 のように固定する．線源を置かず，自然放射線（バックグラウンド，BG）の線量率を測定する．放射線量モニターを置いた後60秒後の値を記録する．

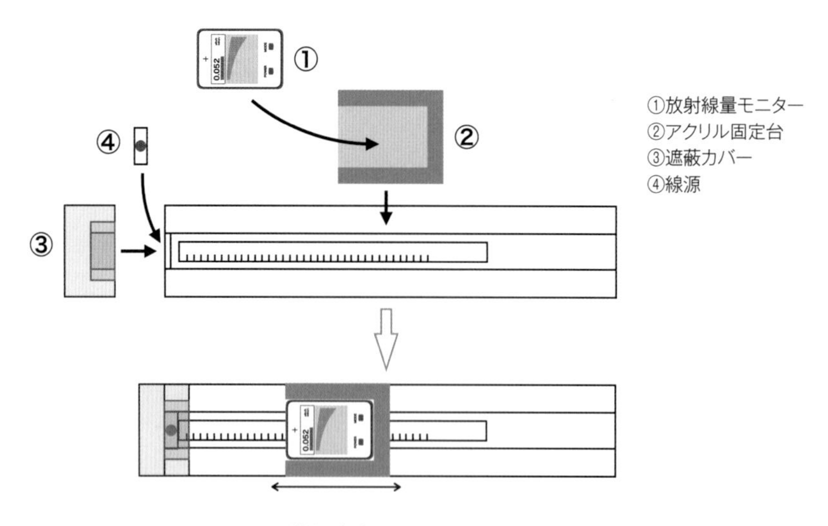

図 1.6　線量率と距離の関係の測定配置図.

2. 線源貸し出しノートに必要事項を記入したうえで，線源保管庫から線源（^{60}Co または ^{137}Cs）を借り出す．線源はプラスティックのケースに収められている．ケースを開いてはいけない．使用した線源の核種，シリアル番号をレポートに書く．

3. 線源と遮蔽カバーを図 1.6 のように配置する．線源と放射線モニターの距離を 10 cm に設定し，線量率を 5 回測定（各測定の間隔は 60 秒以上空ける）する．測定値のばらつきを確認し，以後，測定値には最大でこの程度のばらつきがあるものとして実験結果を解釈する．
4. 線源と放射線モニターの距離を 10 cm, 15 cm, 20 cm, 25 cm, 30 cm としたときの線量率を測定する．放射線量モニターの位置を変更した後，60秒後の値を記録する．
5. 測定値からバックグラウンドの線量率を引いたものが，線源から放出された γ 線による線量率である．実験データを表にまとめ，横軸に距離，縦軸に線量率を正方眼紙にプロットする（グラフ 2-1）．
6. 横軸に距離，縦軸に線量率の平方根の逆数を正方眼紙にプロットする（グラフ 2-2）．
7. グラフ 2-2 より，線源からの距離 L の場所での線量率 I を計算する関数を導出する．

(3)　実験 3 の方法　物質による放射線の吸収・散乱

1. 線源と放射線モニターの距離を $L = 20$ cm に固定する．測定では細くしぼった γ 線を利用するため，厚さ 5 cm の鉛に穴をあけたコリメータを図 1.7 のように置く．

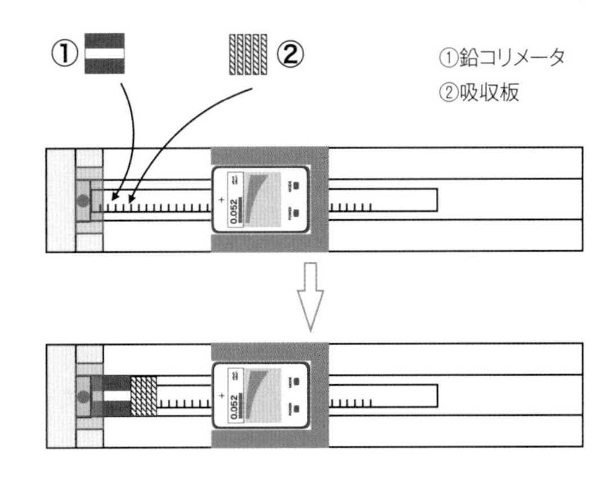

図 1.7　放射線の吸収・散乱測定の配置．

2. 線源とシンチレーションサーベイメータの間に遮蔽板を挟まないで線量率を測定する．放射線量モニターを設置したのち，60秒後の値を記録する．
3. アルミニウム板を 1 枚ずつ増やしながら，線量率を測定する．板の枚数を増やしたのち，60秒後の値を記録する．板の枚数を0枚とした場合の結果も記録すること．
4. 遮蔽板を鉛板・岩石板に代えて同様に測定する．遮蔽板の厚さは必要に応じてノギスで測定する（1/20 mm の精度で測定することができる．ノギスの使用方法は A.1.3 項参照).

5. 線源保管庫に線源を返却し，バックグラウンド (BG) を測定する（他の班が線源を返却するまで待つ必要はない).
6. 測定値からバックグラウンドを引いた値を y 軸に，板の厚さ [cm] を x 軸に取り，片対数グラフにプロットする.
7. 片対数グラフにプロットしたデータを近似できる直線を引き，アルミニウム，鉛，岩石の γ 線の線減弱係数 [cm^{-1}] を求める（片対数グラフから傾き（線減弱係数）を求める方法は A.6 節を参照).

1.4　レポートの作成

以下の項目について考察を深め，レポートに記述せよ．記述するにあたり，結果の数値や記述を引用しながら根拠を示し，それに基づいた解釈を書くこと.

考察のポイント

1. 実験 1 の測定結果に，何か特徴や傾向はあっただろうか？今回の実験ではその傾向の要因を特定することは難しいが，考えうる要因について検討せよ．また，測定値のゆらぎやその要因について考察してもよい.
2. 実験 1 の結果から，年間の被ばく線量はどのように求められるか？さらに，計算した年間の被ばく線量を図 1.1 と比較し，今回の結果が妥当であるか，違いがあるか検討せよ.
3. 実験 2 で得られた，線源からの放射線に由来する線量率と距離の関係式[4]について，どうしてそのような式が得られたのか，理由を検討せよ.
4. 実験 3 で求めた線減弱係数には，何か特徴や傾向はあっただろうか？その理由について検討せよ．放射線と物質の電磁相互作用にも着目するとよい.
5. 実験 2，3 のような放射線源を用いた実験を行う際，人間が受ける放射線量を少なくするにはどのような点に注意して実験を行えばよいか？　今回の実験 1～3 を参考に指針を 3 つ考えよ.

[4] ヒント：線源を中心とした半径 50 cm の球面と半径 1 m の球面を考える．球面全体を貫く γ 線の本数は半径に依存するか考えてみよ．次に，線源から距離 50 cm に置かれた検出器に入る γ 線の本数と，線源から距離 100 cm に置かれた検出器に入る γ 線の本数を比べてみよ.

1.5　参考

1.5.1　放射線の発見と正体

1896 年フランスのアンリ・ベクレル (Antoine Henri Becquerel) はウランの化合物から，何か写真乾板に感光する放射線が出ていることを発見した．その後ベクレルの発見がピエール・キュリー (Pierre Curie) とマリー・キュリー

(Marie Curie) によって受け継がれ，彼らはウランから出る放射線がウランの化合物が何であれ，またウランの状態が何であれ同様に放射されることを確かめた．1898 年にこの現象は彼らによって**放射能** (radioactivity) と名付けられた．同じ年に彼らはピッチブレンド鉱石の中の放射性同位元素を追究し，ラジウムを発見した．ポーランド出身のマリー・キュリーは大変努力家で，0.1 g のラジウムを得るために 2 トンの鉱石からラジウムを分離精錬したことを思えば，この仕事は並大抵ではなかったことがわかるであろう．

放射性核種から出てくる放射線を電場または磁場中に入射すると，偏向の測定より，放射線の持つ比電荷（電荷/質量），エネルギーを測定できる．天然放射性同位元素から放出される放射線は，正の電荷を持つ放射線，負の電荷を持つ放射線，電気的に中性な放射線に分類できる．これらは α 線，β 線，γ 線と名前がつけられた．その後の研究で，それぞれヘリウム原子核，電子，光子が正体であることがわかった．後に，正の電荷を持つ β 線（陽電子線）や電気的に中性な中性子線などが発見された．これらの放射線の正体と性質を次に示す．

- **α 線**　α 線は，2 個の陽子と 2 個の中性子で構成されているヘリウム原子核がその正体であり，自然界ではラジウム，プルトニウム，ウラン，ラドンなどの放射性原子核の壊変によって発生する．現在アルファ壊変する原子核は 400 以上発見されており，それらの寿命は 10^{-16} 秒 (^{8}Be) から 10^{17} 年 (^{204}Pb) にわたっている．α 線は他の放射線に比較して電離作用が大きく，物質中でのエネルギー損失も大きい．α 線は物質中では短い距離（1 mm 未満）しか進むことができないので，紙 1 枚程度のものがあれば α 線を止めることができる．
- **β 線**　β 線とは原子核のベータ壊変によって発生する電子またはその反粒子（陽電子）のことである．β 壊変は原子核内の中性子 (n) が陽子 (p) に変換したり，陽子が中性子に変換したりする現象であり，前者では電子 (e^-) と反ニュートリノ ($\bar{\nu}_e$) が放出され，後者では正の電子 (e^+:陽電子）とニュートリノ (ν_e) が放出される．β 線は，トリチウム (^{3}H)[5]，炭素 14 (^{14}C)，リン 32(^{32}P) などの放射性同位体の壊変によって発生する．β 線は，そのエネルギーに応じて物質中での透過距離は異なり，トリチウムの場合は 1mm 未満，リン 32 では約 1cm の水で止めることができる．
- **γ 線**　γ 線は，その波長が紫外線よりはるかに短い（おおよそ紫外線の 100 万倍程度のエネルギーをもっている）電磁波のことをいう．自然界において，γ 線はコバルト 60 (^{60}Co) やセシウム 137 (^{137}Cs) などの放射性同位体の原子核壊変から発生する．また，電子-陽電子対消滅でも発生する．γ 線は，電荷をもたないため物質と電磁相互作用を起こす確率が低く，物質に対する透過力が，α 線や β 線に比べて大きい．
- **X線**　X線も γ 線と同じように電磁波である．通常X線は，そのエネルギーが γ 線のおおむね 1/1000 程度のものをいう．放射線核種の崩壊に伴う軌

[5] 三重水素：1 個の陽子と 2 個の中性子でできている水素原子核の同位体である．

道電子の遷移や制動放射（荷電粒子が軌道を大きく変更するとき）で発生するが，高速の電子を金属などに衝突させて人工的に発生させることもできる．

- **中性子線** 中性子はウランやプルトニウムなどの重い放射性同位元素が核分裂する際に発生する．また，原子核反応でも発生する．中性子は電荷を持たないため直接的な電離作用を起こさない．物質中で中性子は，直接原子核と反応を起こし，散乱によりそのエネルギーを失ったり原子核に吸収されることにより消滅する．人体に中性子が入ると，体内にある水素原子核（陽子）と散乱し，陽子が弾き飛ばされて体内で電離を引き起こす．この陽子の電離作用により体内細胞や遺伝子に直接損傷を与えることがある．

1.5.2　環境放射線の起源と利用

(1)　地殻における天然放射性同位元素

地球が誕生したとき，天然放射性同位元素は地球に均一に分布していた．やがて重力分離によって重いものは中心部に沈み，軽い物は表面に浮かんだ．しかし，ウランやトリウムは実環境で軽い酸化物として存在することが多いので，ウラン鉱床などは大陸に集中して分布している．放射性核種は花コウ岩質の地殻に濃縮することが知られている．

地殻中の ^{238}U 系列や ^{232}Th 系列に含まれる ^{214}Bi（ビスマス）や ^{208}Tl（タリウム）からは γ 線のように透過力のある放射線がでる．これが地殻ガンマ線である．その他の地殻ガンマ線として，壊変系列をとらない ^{40}K の寄与も大きい．天然放射性核種濃度の高い地域（たとえばトリウムを多量に含むモナザイト砂の集積するガンジス川流域）ほど潜在的に地殻 γ 線レベルも高い．しかし，放射線は土壌に吸収されるため，深さ約 30 cm までの天然放射線核種の濃度および表面の遮蔽状態で地殻ガンマ線レベルは決まり，必ずしも地殻の核種濃度分布と地殻ガンマ線分布とは一致していない．

放射性核種がマントルに取り残される濃度は低いが，マントルの体積を考えるとその総量は無視できない．プレートの沈み込みに伴う火山マグマの上昇やマントル物質の上昇が起こると，イオン半径の大きい放射性核種は鉱物結晶中に収まらず，マグマ溶液に留まってその表面に達して固化する．そのため，海底火山の頂上部では，しばしば放射性核種の濃度が高い．

地表の 70%を占める海にはイオン化傾向の高いカリウムが溶解イオンとして存在する．そのため，一定比率で ^{40}K が必ず含まれる．しかし，それは γ 線源としては弱い．また，厚い海水はガンマ線を遮蔽するため，海底面からの放射線被ばく量は小さい．

(2)　ラドン・トロンの発生と放射能探査

大陸には ^{238}U，^{232}Th，^{40}K などの天然一次放射性核種が濃縮している．^{238}U

壊変系列に属する ^{226}Ra（半減期約1600年）から ^{222}Rn（ラドン222）が生じ，^{232}Th 壊変系列に属する ^{228}Ra から ^{220}Rn（ラドン220，トロンと呼ばれる）が生じる．ラドン，トロンは，地球のいたるところで発生し，貴ガスなので化学的に捕獲されず，間隙があればどこでも侵入する．そのため公衆被ばく量が大きく，放射線保護の観点から特に注意する必要がある．

地下深部で発生したラドンガスは上昇し，土壌や地下水に吸収される．断層破砕帯や地下熱水（温泉）の存在する地域ではラドンの上昇が豊富である．断層沿いの岩石は多くの亀裂や不規則な節理の発達に伴い細片化し，孔隙率や含水量が高くなる．このようなところでは γ 線に対する吸収量が低く，自然放射線は高くなる．また，断層破砕帯を通って地表にもたらされた ^{222}Rn は壊変して ^{214}Bi を生じる．地表において γ 線量の高いところは断層破砕帯・地下水・温泉が存在する可能性が高い．地盤に潜在する活断層・地下水・温泉の探査にガンマ線測定を用いた放射能探査が行われている．また，^{214}Bi のガンマ線の値を個別に検出すれば断層破砕帯の存在を推定することができる．

(3) 宇宙から降り注ぐ放射線

新星および超新星の爆発によって放出された高速度の陽子と軽い原子核は，宇宙空間の磁場によって加速され地球大気の上層にまで飛んでくる．これが一次宇宙線と呼ばれるもので，主成分は陽子である．地球大気上層に降り注ぐ1次宇宙線中の陽子の数は毎秒約 10^{18} 個で，個々の陽子のエネルギーは大きく，10^{20} eV を超えるものもある．（ただし，10^{20} eV を越える陽子の入射頻度は $1/(\mathrm{km}^2\cdot 20\mathrm{year})$ にすぎない．）

大気圏外から飛び込む一次宇宙線粒子は，大気主成分 N_2，O_2，Ar などの原子核を破砕する．この過程において発生する陽子，電子，中性子や π 粒子の子孫が大気圏深部で卓越する宇宙線である．またこれが大気中反応によって ^{3}H，^{7}Be，^{14}C などの放射性核種を与える．表1.1は雨水の中に検出される放射性核種を示す．長寿命の放射性核種は地上に落ちてきた隕石の中にも見出される．

表1.1 雨水中の軽放射性核種．

各種	壊変形式，半減期	大気中の生成速度（個数/m^{2}s）
^{3}H	β^-, 12.33年	2500
^{7}Be	EC, 53.29日	81
^{10}B	β^-, 1.6×10^{6}年	360
^{14}C	β^-, 5730年	22000
^{22}Na	β^+, 2.602年	0.6
^{26}Al	β^+, 7.2×10^{5}年	1.7
^{35}S	β^-, 87.4日	14
^{36}Cl	β^-, 3.0×10^{5}年	11
^{39}Cl	β^-, 56分	16

(4)　環境における人工放射線

放射性同位元素ラジウムの発見に始まり，人の手によって作られた人工の放射性物質の利用が盛んになると，人工放射線を受ける機会が多くなってきた．人工放射線源として最大の被ばくをもたらすものとしては医療放射線（診断・治療など）があり，その他には絶対値としては非常に小さいが，核爆発実験によって放出された放射性降下物（フォールアウト），原子力発電所や再処理施設などの原子力関連施設から放出される放射性廃棄物がある．放射性降下物による放射線被ばくは，地上に堆積した放射性物質による外部被ばくと，吸入と汚染食物（摂取）による内部被ばくとに大別される．また，一般の人々が法的規制なしに自由に売買あるいは所持できる製品で，放射性物質を意図的に利用したもの，または副次的に放射線の放出源となる消費財（コンシューマプロダクツ，たとえばテレビ）もある．

1.5.3　原子核壊変の特徴

(1)　半減期

単位時間に放射性原子核の壊変する数はそのとき存在する放射性原子核の数に比例する．いま N 個の放射性原子核があり，その壊変確率を λ とすると毎秒壊変する数の期待値 $-dN/dt$ は

$$-\frac{dN}{dt} = \lambda \cdot N \tag{1.2}$$

で与えられる．$t = 0$ における放射性原子核の数を N_0 とすると

$$N = N_0 e^{-\lambda t} = N_0 \exp{(-\lambda t)} \tag{1.3}$$

となる．

放射性同位元素の壊変は，定数 λ で決まる．$\tau_m = 1/\lambda$ を平均寿命という．半減期 $T_{1/2}$ は，元の元素数が半分になる時間であり

$$N(T_{1/2}) = \frac{1}{2}N_0 = N_0 e^{-\lambda T_{1/2}} = N_0 \exp(-\lambda T_{1/2})$$

と書ける．したがって

$$T_{1/2} = \frac{1}{\lambda}\log_e 2 = \tau_m \log_e 2 = 0.6931\tau_m$$

である．$t = 0$ での線量率を I_0 とすると，時刻 t における放射線 I は，半減期を用いて

$$I = I_0 e^{-\frac{0.693t}{T_{1/2}}} = I_0 \exp\left(-\frac{0.693t}{T_{1/2}}\right)$$

となる．たとえば ^{60}Co の半減期は 5.26 年だから，1 kBq の ^{60}Co 線源は 5.26 年後 500 Bq になる．

(2) 年代測定への応用

放射性核種の壊変は，年代測定へ応用できる．年代測定は宇宙・地球化学的な観点だけでなく，考古学的な観点でも重要である．放射性核種はそれぞれの壊変定数 λ で定まる速さで壊変し，原子核の数 N は式 (1.3) に従って減ってゆく．ある系について，放射性核種の出入りがないとすれば，この核種の放射線量を測定することによって系の置かれた時間的尺度が得られる．これを「壊変時計」と呼ぶ．

ある事件 A が起こったときの放射性核種の数を n_{A} とし，それから t 時間経過したときの放射性核種の数を n_{B} とすると，この時間の間に放射性核種の出入りがなければ

$$t = \frac{1}{\lambda} \log_e \frac{n_{\mathrm{A}}}{n_{\mathrm{B}}}$$

で t が求められる．これはきわめて簡単な関係であり，これを応用した ^{14}C 年代測定，^{40}K-^{40}Ar 年代測定，^{87}Rb-^{87}Sr 年代測定，^{238}U-^{206}Pb 年代測定などの年代測定法が開発されている．

(3) 統計誤差

原子核の壊変は確率の法則に従うので計数値は測定ごとに異なる値をとる．i 回測定を行い，各回の測定値が m_i であったとき，平均計数値 (M) にはその統計誤差，すなわち期待される標準偏差

$$\sigma = \sqrt{M} \tag{1.4}$$

を付記して計数の信頼度を明示する．標準偏差を誤差として用いた場合，m_i が多数回測定の平均値 M のまわり $\pm\sigma$ の範囲内に収まる確率は 68% である．本実験では平均計数率計を用いたため統計誤差を明記することは難しいが，原子核壊変は確率的な現象であるために測定値には常に誤差がつくことを念頭におく必要がある．

計数値に対する誤差の計算は以下のような理由による．

N 個の核のうち特定の 1 個が t 秒後に残る確率は $\exp(-\lambda t)$ である．t 秒後に壊変する確率は $(1-\exp(-\lambda t))$ になる．N 個の核のうち，任意の m 個が壊変し，残りの $(N-m)$ 個が残存する確率は

$$(1-\exp(-\lambda t))^m \, (\exp(-\lambda t))^{N-m} \tag{1.5}$$

である．t 秒間に m 個の壊変が起こる確率 $W(m)$ は，N 個から m 個を選び出す場合の数 ${}_N C_m$ をかけて

$$W(m) = {}_N C_m \, (1-\exp(-\lambda t))^m \, (\exp(-\lambda t))^{N-m} \tag{1.6}$$

となる．t 秒間に起こる壊変数の期待値（多数回観測における m の平均値）を $N\lambda t = M$ とおくと

$$W(m) = \frac{1}{m!} N(N-1)\cdots(N-(m-1)) \cdot (1-\exp(-M/N))^m (\exp(-M/N))^{N-m} = \frac{1}{m!}\exp(-M)\cdot N^m \left(1-\frac{1}{N}\right)\cdots\left(1-\frac{m-1}{N}\right)\cdot(\exp(M/N)-1)^m \quad (1.7)$$

である．N が非常に大きな数であることにより，上式は次のポアソン分布の式

$$W(m) = \frac{M^m}{m!}\exp(-M) \quad (1.8)$$

になる．期待される標準偏差は

$$\sigma = \sqrt{\sum_{m=0}^{\infty}(m-M)^2 W(m)} = \sqrt{M} \quad (1.9)$$

となる．なお，より一般的な誤差・分散・標準偏差についての説明は A.3 節を参考にせよ．

1.5.4　放射線の単位と線量

放射線に関する国際単位を表 1.2 に示す．放射線が生物・人体に及ぼす影響を議論するときには，線量や実効線量を用いる．

表 1.2　放射線に関する国際単位.

量	単　位	記　号	表し方	説　明
放射能	ベクレル	Bq	s^{-1}	1 秒間に 1 個の原子核壊変を起す放射能
吸収線量	グレイ	Gy	$m^2 \cdot s^{-1}$	放射線のイオン化作用によって，1 kg の物質に 1 J のエネルギーを与える吸収線量
線量	シーベルト	Sv	$m^2 \cdot s^{-1}$	放射線が生物に与える影響を表す線量

(1)　線量

放射線が生物に及ぼす影響は，吸収線量 D が同じでも，放射線の種類やエネルギーによって異なる．吸収線量 D に，放射線の種類やエネルギーの違いによる生物学的効果の大きさを表す放射線荷重係数 w_R（表 1.3）をかけたものが，線量 $H = Dw_R$ である．放射線荷重係数 w_R は放射線の水中における衝突阻止能 L_∞ の関数として定義される．線量の単位はシーベルト (sievert，Sv) である．

(2)　実効線量

人体が放射線を受けたときの影響は人体の組織や臓器により異なる．これを

表 1.3　放射線荷重係数.

放射線の種類	エネルギー範囲	放射線荷重係数
X 線，ガンマ線，電子，ミュー粒子		1
反跳陽子以外の陽子	エネルギーが 2 MeV を超えるもの	5
中性子	エネルギーが 10 keV 未満のもの	5
中性子	エネルギーが 10 keV 以上 100 keV まで	10
中性子	エネルギーが 100 keV を超え 2 MeV まで	20
中性子	エネルギーが 2 MeV を超え 20 MeV まで	10
中性子	エネルギーが 20 MeV を超えるもの	5
アルファ粒子，核分裂片，重原子核		20

（出典:「国際放射線防護委員会の 1990 年勧告」, ICRP publication 60, 1990）

考慮して算出する線量を実効線量と呼ぶ．実効線量 E は $E = \sum_T w_T H_T$ と定義される．単位は線量と同じシーベルト (sievert, Sv) が使われる．ここで，w_T は組織・臓器 T の放射線感受性を考慮した組織荷重係数（表 1.4）である．H_T は組織・臓器 T が受けた線量である．

表 1.4　組織荷重係数.

組織・臓器	組織荷重係数	組織・臓器	組織荷重係数
生殖腺	0.20	肝臓	0.05
骨髄（赤色）	0.12	食道	0.05
結腸	0.12	甲状腺	0.05
肺	0.12	皮膚	0.01
胃	0.12	骨表面	0.01
膀胱	0.05	残りの組織・臓器	0.05
乳房	0.05	合計（全身）	1.00

（出典:「国際放射線防護委員会の 1990 年勧告」, ICRP publication 60, 1990）

オンライン教材

- 日本地質学会「日本の自然放射線量」
  `http://geosociety.jp/hazard/content0058.html`

- 環境省「放射線による健康影響等に関する統一的な基礎資料の作成」
  `https://www.env.go.jp/chemi/rhm/basic_data.html`

- 放射線モニタリング情報共有・公表システム
  `https://www.erms.nsr.go.jp/nra-ramis-webg/`

- 地質図 Navi
  https://gbank.gsj.jp/geonavi/

- グラフの描き方
  https://jikken.ihe.tohoku.ac.jp/science/advice/make-graphs.html

- 片対数方眼紙の使い方
  https://jikken.ihe.tohoku.ac.jp/science/advice/use-graph-paper.html

- よくある質問と答え (FAQ)，課題 1 についての質問
  https://jikken.ihe.tohoku.ac.jp/science/faq/index.html#kadai1

II

物　　質

導電性高分子の合成

● **課題の概要** ●

代表的な共役高分子であるポリチオフェンを対象として，導電性高分子を合成する．単量体であるチオフェンを電極反応による重合法（電解重合法）で高分子化すると同時に生成したポリチオフェンを陽極酸化し，テトラフルオロホウ酸イオン (BF_4^-) をドープする．合成した高分子の導電性を，発光ダイオードを組み込んだ回路やデジタルマルチメーターを使って調べる．高分子合成に使われた反応溶液の紫外可視吸収スペクトルを測定し，溶液中のポリチオフェンの重合度を考察する．

5.1　はじめに

5.1.1　導電性高分子とは

1970 年代に白川英樹らによってフィルム状のポリアセチレン（アセチレンが重合した高分子）が合成された．それまで行われていた方法でポリアセチレンを合成すると，黒い粉末状になりポリアセチレンフィルムを合成することはできなかったのである．その後，他の分子から電子を受け取る性質を持つ電子受容体（ヨウ素など）あるいは電子を与える電子供与体の少量添加によって，高分子膜の電気伝導度が飛躍的に上昇することが見出されて以来，**導電性高分子**に関する研究が盛んに行われるようになった．このように特定の物質を微量分だけ添加することを**ドーピング** (doping)，その微量添加物（不純物）を**ドーパント** (dopant) と呼んでいる．導電性高分子におけるドーピングは高分子から電子を引き抜く酸化反応あるいは高分子に電子を与える還元反応に相当する．それらはそれぞれ酸化的ドーピング (p-doping)，還元的ドーピング (n-doping) などと称される．高分子の酸化や還元反応は，化学的手法（電子受容体，電子供与体の添加）のほかに，電気化学的手法（電圧の印加）によっても可能である（詳細は 5.2.1 項を参照）．「導電性高分子の発見と開発」を受賞理由として，白川英樹，A. J. Heeger，A. G. MacDiarmid の 3 人の研究者に 2000 年度のノーベル化学賞が与えられたことからも，電気を通す高分子膜（電気を通すプラスチック材料）の合成が与えたインパクトの大きさがわかる．現在，従来の高分子とは全く異なる分野，すなわち，電線，大面積太陽電池，ダイオード，表示素子，二次電池（充電によって繰り返し使用できる電池）などへの応用研究と開発が進められている．

今日では，導電性高分子の種類も多岐にわたっている．たとえば，ポリアセチレンのみならずポリチオフェン，ポリピロール，ポリ-*p*-フェニレン，ポリ-*p*-フェニレンビニレンといった様々な高分子が合成されている．これらの高分子の骨格構造式を図 5.1 に示す．二重線は炭素原子間の二重結合を，単線は炭素原子間の単結合を表している．n は構成単位の単量体（モノマー）が何個繫がって高分子（ポリマー）を形成しているかを表す数（重合度）であり，数百以上である．水素原子は略している．図 5.1 の高分子が基本的に二重結合と単結合が交互に並んだ長鎖の π 共役系高分子であることがわかる（このような分子では，二重結合に関与する π 電子が空間的に広がって存在し得る）．これらに**電子受容体**（acceptor，アクセプター）や**電子供与体**（donor，ドナー）をドーピングしたり，電気化学的に酸化や還元をすることにより，高い電気伝導度を有する導電性高分子が得られている．

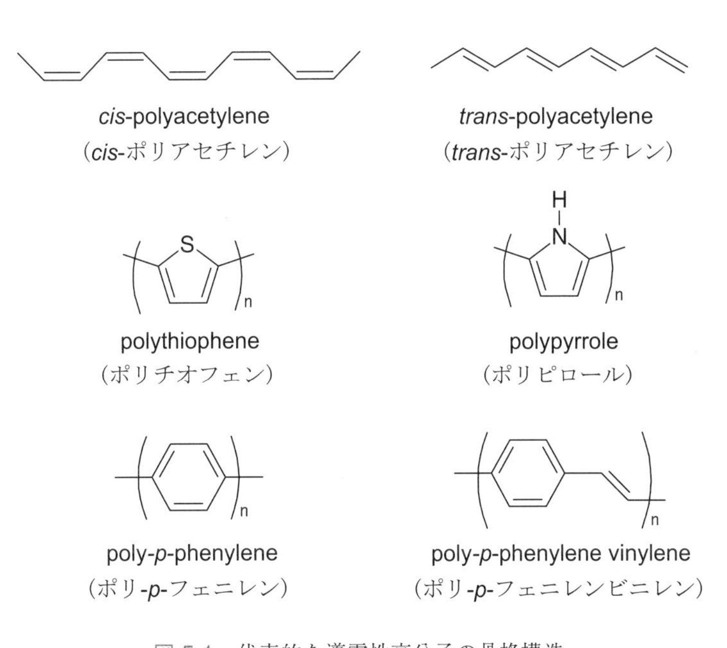

図 5.1 代表的な導電性高分子の骨格構造.

5.1.2 電気伝導の機構

結晶構造を有する固体には，電子のぎっしり詰まった**充満帯**と呼ばれる低いエネルギー準位と電子が詰まっていない**伝導帯**と呼ばれる高いエネルギー準位が存在する（図 5.2）．充満帯の電子は結晶中の原子に束縛されているが，伝導帯に励起すると結晶中を自由に動き回れる自由電子（伝導電子）となる．充満帯と伝導帯の間のエネルギー領域を**禁制帯**（バンドギャップ）と呼ぶ．禁制帯のエネルギーを持つ電子は存在し得ない．金属（導体）の場合，バンドギャップは存在せず，充満帯と伝導帯が一体になるため，電子は自由に動き回り電流

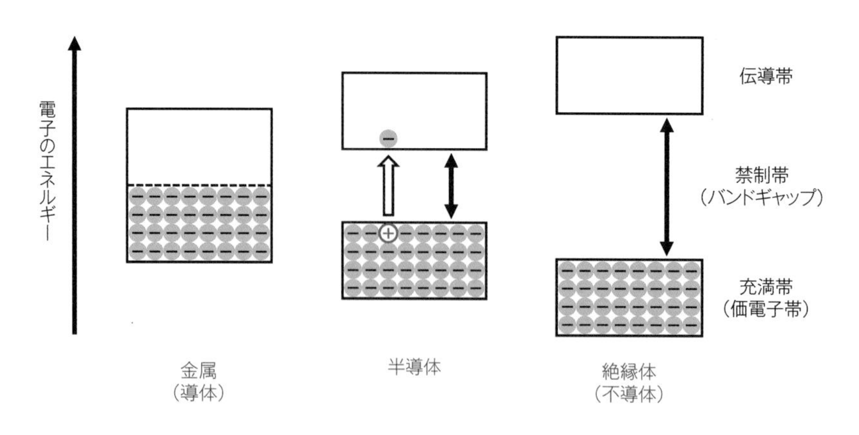

図 5.2　金属（導体），半導体，絶縁体（不導体）のバンド図．図中の − の記号は電子を，+ の記号は正孔を表している．

が流れる．一方，半導体や絶縁体（不導体）は0でないバンドギャップを持つ．半導体のバンドギャップは比較的小さく，高温では充満帯の電子が熱的に励起されて伝導帯に上がり，伝導電子となる．同時に，充満帯には電子が抜けた穴が生じる．この穴に周囲の電子が移動し，それによってできた穴にまた電子が移動する，という過程を繰り返すと，あたかも正の電荷を持つ粒子が結晶中を動き回るようにみなせる．そこで，この電子が欠落した穴を仮想的な粒子と考えて正孔（ホール）と呼ぶ．結果として，伝導帯の伝導電子や充満帯の正孔を導電キャリア（電気の流れの担い手）とする電気伝導が生じる．半導体とは，このように高温で電気伝導度が上昇する物質である．絶縁体のバンドギャップは半導体よりも大きく，充満帯の電子は結晶中の原子に強く束縛されている．ゆえに，光や熱を加えても電子は伝導帯に励起することができず，絶縁体には電流が流れない．

バンドギャップが大きいものでも，**酸化的ドーピング**（p-doping，電子受容体を加えたり陽極酸化する）や**還元的ドーピング**（n-doping，電子供与体を加えたり陰極還元する）により電気伝導度を増大させることができる．前者の場合，電気伝導を担うキャリアは酸化によって充満帯の電子が失われて生じた正孔であり，p（ポジティブ）型半導体と呼ぶ．また後者の場合，キャリアは還元によって伝導帯に与えられた電子であり，n（ネガティブ）型半導体と呼ぶ．図5.3にp型およびn型半導体のバンド図を示す．

1次元結晶とみなせる共有結合型の高分子の場合には，充満帯は価電子帯とも呼ばれる．電気伝導度は導電キャリアの数（キャリア濃度）と高分子中でのキャリアの動きやすさ（移動度）の積で決まる．一般には，キャリア濃度はバンドギャップの大きさと密接に関係し，バンドギャップが大きいほどキャリア濃度は小さくなる．移動度はキャリアの動き易さを示す指標で，分子全体に広がって非局在化している π 性の分子軌道（分子内の電子状態を表す近似的な1電子波動関数）は一般に移動度が大きい．ポリアセチレンやポリチオフェンはこのような分子軌道を持っている．多くの場合，高分子はそのままの状態では

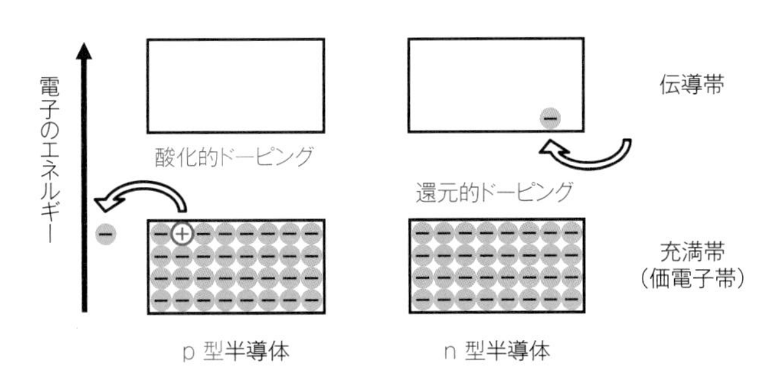

図 5.3　p 型および n 型半導体のバンド図．左図のような p 型半導体では，酸化によって充満帯（価電子帯）中に正孔が生じ，その動きが電流となる．n 型半導体では，還元によって生じた伝導帯中の伝導電子がキャリアである．

半導体であるが，化学的あるいは電気化学的にドーピングすることにより，その電気伝導度を金属が持つ値の領域まで増大させることができる．これに対して，一般に知られているポリエチレンやポリスチレンなどの高分子は絶縁体である．これは，主鎖の炭素同士が単結合（σ 結合）で結びついて，価電子帯がエネルギー的に低く安定化しているからである．そのため，バンドギャップが大きく，導電キャリアの数が少ない．さらに，伝導帯の一番低いエネルギー準位が局在化した σ 性軌道であるため，移動度も小さく絶縁体となる．

5.2　実験 1　ポリチオフェンの電解重合

ポリチオフェンにテトラフルオロホウ酸イオン (BF_4^-) をドープした導電性高分子を電解重合により合成する．電解質であるテトラフルオロホウ酸リチウム ($LiBF_4$) は極性溶媒中で Li^+ と BF_4^- に電離する．チオフェンの電解重合による高分子化反応とともに BF_4^- を電気化学的にドープすることにより，導電性高分子を合成する．

5.2.1　実験の原理

図 5.4 のようなポリチオフェン，ポリセレノフェン，ポリフランなどは，対応するチオフェン，セレノフェン，フランなどのモノマーから重合反応や**電解重合**（電気化学的重合法）により合成される（モノマー誘導体の縮合反応を利用した直接法による合成もある）．

本実験で行うポリチオフェンの電解重合の機構を図 5.5 に示す．陽極には白金，金，ITO（Indium Tin Oxide，インジウム・スズ酸化物）導電膜基板ガラスなど，陰極には白金，ニッケル，グラファイトなどが使われる．溶媒はアセトニトリル，ベンゾニトリル，THF（テトラヒドロフラン），塩化メチレンなどが用いられ，電解質として $LiBF_4$（テトラフルオロホウ酸リチウム）などを

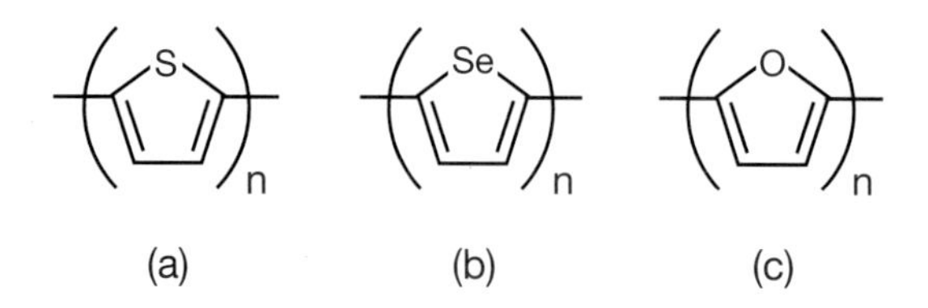

図 5.4　ポリチオフェンと類似化合物．(a) ポリチオフェン，(b) ポリセレノフェン，(c) ポリフラン．

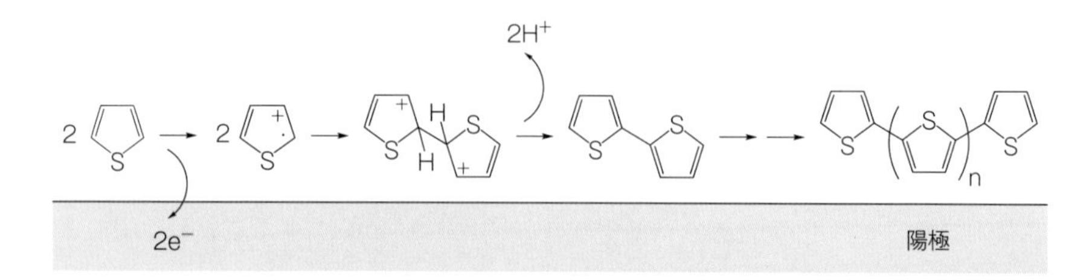

図 5.5　ポリチオフェンの電解重合機構．電圧が印加されるとチオフェン単量体が電子を放出して酸化される．＋の記号は炭素上の電子が 1 つ不足していることを，· の記号は炭素上に共有結合を作らない不対電子が 1 つ存在することを示している．このような不対電子を持つ分子はラジカル，さらに陽イオンであるものはラジカルカチオンと呼ばれる．単量体のラジカルカチオン同士が反応して 2 量体が生成する．同様の酸化と重合を繰り返して，陽極上に高分子膜が形成される．析出したポリチオフェンも酸化されるが，電解質の BF_4^- が取り込まれるので膜全体としては中性である．

溶媒に入れる．この電解液にモノマーであるチオフェンを入れて，チオフェンの酸化電位（電子を引き抜く酸化反応を起こすのに必要な電圧）以上の電圧を印加する．この際に起こる重合と同時にポリチオフェンは陽極酸化されて正電荷を帯びるが，電解質の BF_4^- が取り込まれるため，全体としては電気的に中性な膜が陽極上に得られる．このような電気化学的ドーピングにおいては，高分子膜に取り込まれる電解質をドーパント（不純物）とみなし，本実験における BF_4^- はアクセプター型イオンと呼ばれる．ドーピングの結果として，価電子帯中に正孔が生じるため，陽極上に得られた膜は高い導電性を示す．硫黄原子 S の両隣の 2，5 位を置換したチオフェン誘導体は電解重合しないことから，重合は隣り合ったチオフェン同士が 2，5 位で結合することにより進行すると考えられている．

5.2.2　使用器具

本実験では，陽極に ITO（Indium Tin Oxide，インジウム・スズ酸化物）ガラス基板，陰極に白金板を用いる．陽極に白金板を使っても重合は可能だが，膜が薄くなる．溶媒にはアセトニトリル，電解質としては $LiBF_4$ を用いる．使用する薬品には刺激性があるので，白衣と保護眼鏡を常時着用して実験を行う．

- 直流安定化電源
- テスター（電圧計）
- 電流計
- スタンド
- 角形電解セル
- ITO ガラス（陽極）
- 白金板（陰極）
- 目玉クリップ（ガラス電極固定用）
- ばち型クリップ（白金電極固定用）
- ワニ口クリップ付きコード（電源と電極の接続に必要）
- ねじふた付ポリ瓶
- 上皿電子天秤
- 薬さじ
- 駒込ピペット
- メスシリンダー
- やすり
- ストップウォッチ

5.2.3 実験方法

(1) 装置組立

図 5.6 のように直流安定化電源，テスター（電圧計），電流計をワニ口クリップ付きコードで接続する．電源やテスターの使い方については，備えつけのマニュアルをよく読むこと．電解セルの接続は電解液調製後に行う．

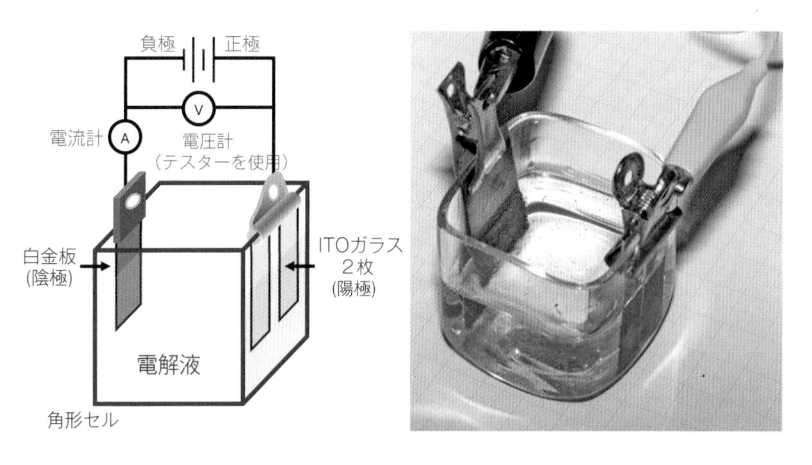

図 5.6 （左）電解重合の実験装置図，（右）実際の実験装置写真．

(2)　電解液調製

- モノマー：チオフェン 0.4 mol/L，分子量 MW = 84.14
- 電解質：$LiBF_4$（テトラフルオロホウ酸リチウム）0.3 mol/L，MW = 93.75
- 溶媒：アセトニトリル

ドラフトでビニール手袋を着用し作業する．質量や体積は量りとった正確な値を記録すること．ねじふた付ポリ瓶（乾燥していることを確認）を上皿電子天秤の上に置き，$LiBF_4$ 0.84 g を薬さじで，チオフェン 1.15 g を駒込ピペットで加える．さらにアセトニトリル 30 mL をメスシリンダーで量りとって静かにポリ瓶に加える．ポリ瓶のふたを閉め静かに振り，$LiBF_4$ が溶け切るまで攪拌する．

(3)　装置と電解セルの接続

電解セルに電極を固定する前に，クリップが錆びていたらやすりで磨く．ガラス電極には表と裏があり，インジウム・スズ酸化物が塗布してある表のみが電気を通す．テスターの探針を当てて抵抗値が 0 オームに近い，小さい抵抗値が表示される面が表なので確認する．電極表面が汚れているときれいな膜を作製することができない．

表を内側にしてガラス電極（陽極）2 枚を並べ，電解セルに目玉クリップで固定する．白金電極（陰極）もばち型クリップで固定し，組立てた装置と電解セルを図 5.6 のように接続する．電解セルをクランプでスタンドに固定したら，ガラス電極とクリップにテスターの探針を当てて，抵抗値が 0 であり電極の向きが正しいことを再度確認する．脱臭用の簡易ドラフトを作動させ，ポリ瓶の内容物（電解液）を電解セルに流し込む．

(4)　電解重合

2 枚のガラス電極を利用して 2 枚の高分子膜を作る．電源のスイッチを入れて電解重合を開始すると同時に時間の計測を始める．電流値が 10 mA になるようにつまみを調整する（電圧は約 5 V になる）．スイッチを入れた時刻を 0 秒として，30 秒ごとに時間，電流値，電圧値を記録する．ガラス電極に析出する高分子膜や溶液の色の変化も記録せよ．約 10 mA の電流で 10 分間重合を行ったら電源のスイッチを切り，ガラス電極を 1 枚だけ取り出して風乾する．電極上の高分子膜の色や形状をよく観察せよ．

5.2.4　考察問題

5.1

電解重合によってチオフェン間の結合を 1 つ作る際に抜ける電子と水素イオンの数をそれぞれ求めよ．仮にチオフェンの 2 量体のみが生成したと仮定すると，何モルのチオフェンが消費されたか？それは使用したチオフェンの何パーセントに相当するか？電解重合時に流れた電気量の値を基にして考察せよ．

5.3 実験 2 ポリチオフェンの脱ドープ

実験 1 で合成した BF_4^- をドープしたポリチオフェンを電気化学的に脱ドープする．すなわち導電性高分子であるポリチオフェンからドーパントである BF_4^- を電気化学的に取り除く（脱ドープ）．

5.3.1 実験の原理

電解液中に残しておいた膜が付いているガラス電極と白金電極の対に重合時と逆の電圧を印加し，ドープされた膜を陰極還元することにより脱ドープする．この際，高分子膜にドーパントとして取り込まれていた BF_4^- が除かれていく．

5.3.2 実験方法

白金電極が陽極，ガラス電極が陰極になるようにコードをつなぎ変え，電源のスイッチを入れて脱ドープを開始すると同時に計時を始める．電流値が 10 mA になるように調整し，30 秒ごとに時間，電流値，電圧値を記録する．高分子膜や溶液の色の変化も記録せよ．ガラス電極が 1 枚になったことを考慮し，重合時の半分の電気量（重合時に 10 mA×10 分間なら 10 mA×5 分間）を流したら電源のスイッチを切り，ガラス電極を取り出して風乾する．電極上の高分子膜の色や形状をよく観察せよ．

5.4 実験 3 抵抗値測定

実験 1 で生成した BF_4^- をドープしたポリチオフェンと実験 2 で脱ドープしたポリチオフェンの導電性を，発光ダイオードを組み込んだ電子回路とテスター（デジタルマルチメーター）を用いて調べる．同様に，鉄釘，アルミホイル，黒鉛筆，赤鉛筆の導電性も調べ，電気を流す機構について考察する．

5.4.1 使用器具

- テスター（抵抗測定用）
- ピンセット
- プラスチック板

- 発光ダイオードの回路

5.4.2　実験方法

抵抗値測定に使用するクリップ（4つ）をやすりで磨いてさびを落としておく．ドープされた高分子膜をピンセットでガラス電極から注意深く剥がし，プラスチック板上に広げてクリップ2つで固定する．クリップの間隔は約1 mmにする．テスターの探針をクリップに当てて抵抗値を測る．脱ドープされた高分子膜も同様に抵抗値を測定する．

発光ダイオードが接続された回路のワニ口クリップを，ドープされた膜を挟んだクリップに繋いでダイオード点灯の様子を観察する．脱ドープされた膜についても同様の観察を行う．ワニ口クリップ同士を直接繋いだ場合のダイオード点灯と比較せよ．

鉄釘，アルミホイル，黒鉛筆，赤鉛筆についても同様にダイオード点灯の様子を観察し，抵抗値を測定する．本来，物質中の電流の流れ易さを比較するには，その試料の膜厚と幅，電極間の距離を考慮すべきだが（課題4を参照），本実験では抵抗値や発光ダイオードの光り方を見て定性的に考察する．

5.4.3　考察問題

5.2

ドープされたポリチオフェン膜と脱ドープされたポリチオフェン膜の導電性の違いから，それぞれの膜の伝導帯と価電子帯に電子や正孔がどのように詰まっているかを考察せよ．ドープされたポリチオフェン膜は何型半導体に相当するか．

鉄釘，アルミホイル，黒鉛筆，赤鉛筆の抵抗値とダイオード点灯から，これらの電気伝導を担っている導電キャリアがそれぞれ何かを考察せよ．

5.5　実験4　反応溶液の紫外可視吸収スペクトル

重合後の反応溶液にはアセトニトリルに可溶な重合度の低いポリチオフェン（オリゴチオフェン）が溶けている．紫外可視吸収スペクトルを測定することによって溶液中のポリチオフェンの重合度を推定する．

5.5.1　実験の原理

物質は特定の波長の光を吸収する．光吸収が起こると，光のエネルギーを分子が受け取って高いエネルギー状態（**励起状態**）になる．図5.7のように分子内の電子が励起する場合には，紫外可視領域の波長を持つ光が吸収される．

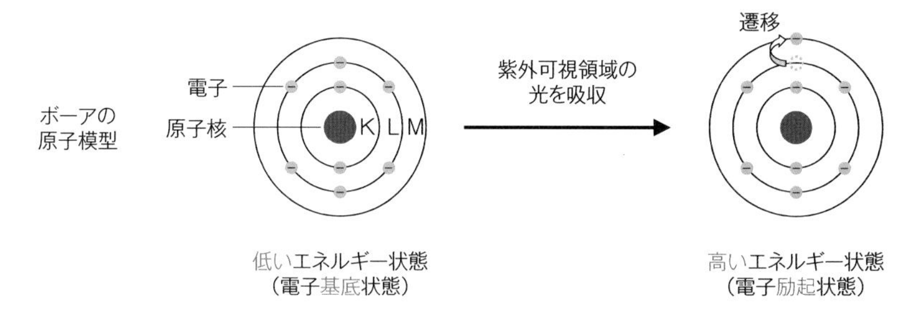

図 5.7 光の吸収と分子の状態の模式図.

グラフの横軸に光の波長，縦軸に何パーセントの光を透過するか（透過率）をプロットしたものを吸収スペクトルと呼ぶ（課題 2 を参照）．特に，紫外可視領域の吸収スペクトルを**紫外可視吸収スペクトル**（または電子吸収スペクトル）と呼ぶ．紫外可視吸収スペクトルの例を図 5.8 に示す．スペクトルに現れる下向きの山は試料を透過した光の割合が小さい（吸収された光の割合が大きい）ことを意味しており，吸収帯と呼ばれる．吸収帯を解析することによって，試料に含有される物質の特定が可能である．

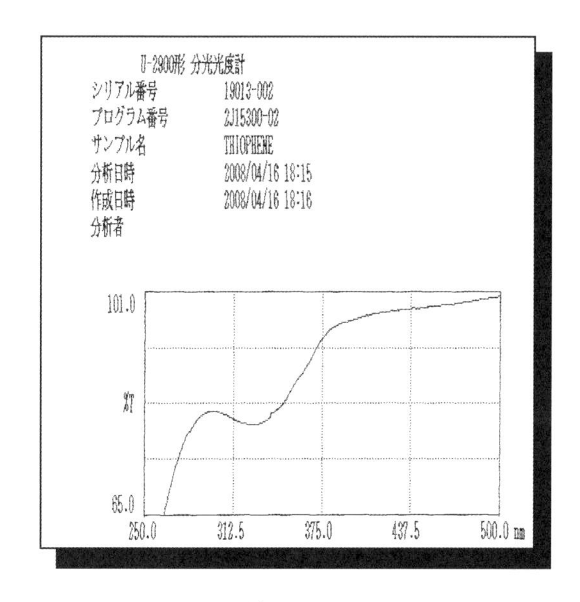

図 5.8 吸収スペクトルの例.

5.5.2 使用器具

- 分光器

5.5.3 実験方法

結果として残った反応溶液の紫外可視吸収スペクトルを 250〜500 nm の範

囲で測定せよ．各班で 1 枚印刷されるので，人数分をコピーしてレポートに添付すること．

5.5.4　考察問題

5.3

読み取った紫外可視吸収スペクトルの極大吸収波長を表 5.1 と比較し，何量体のポリチオフェンが溶液に含まれていたかを考察せよ．ただし，溶液に複数の種類のポリチオフェンが存在する場合には，それぞれの重合体に対応する吸収帯が互いに重なり合う．重合度の低いポリチオフェンのイオンは溶液中で長時間安定ではないので，中性分子のみを考慮すればよい．

表 5.1　チオフェン重合体の吸収波長

	重合体	中心波長
単量体		225 nm
2 量体	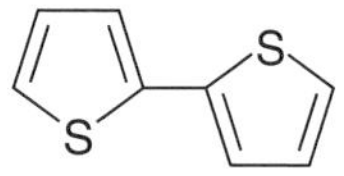	303 nm
3 量体	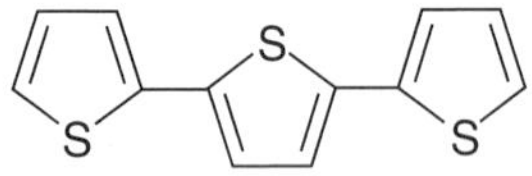	357 nm
4 量体	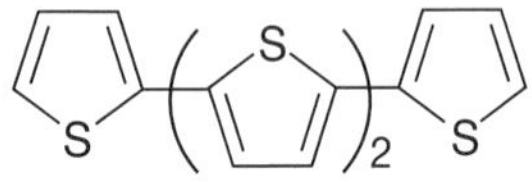	391 nm
5 量体	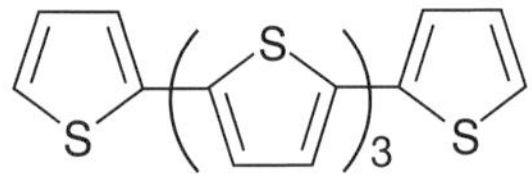	417 nm
6 量体	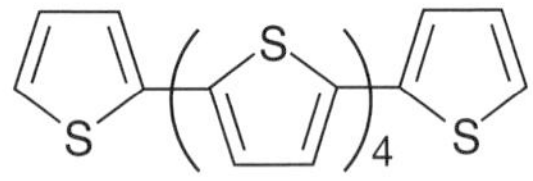	436 nm
7 量体	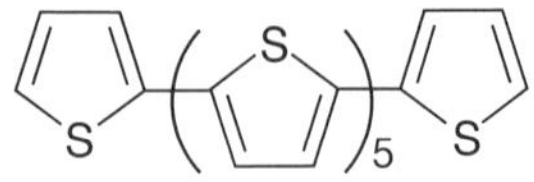	441 nm

ドープされたポリチオフェン膜を生成するために，実験 1 では電解重合を 10 分間行った．さらに長時間電解重合を続けると，ドープされたポリチオフェンの導電性がどうなるのか，紫外可視吸収スペクトルの結果を参照して考察せよ．

5.6 後片付け

電解セル中の溶液はドラフト内にある専用のポリタンクに廃棄する．電解セルとねじふた付ポリ瓶はアセトンですすいだ後，水，洗剤，ブラシを用いて洗浄し，逆さまにして風乾する．白金電極はアセトンですすいだ後，クレンザー，たわしで磨いて水洗し，キムワイプで水分をふき取ってケースに返却する．ガラス電極と高分子膜はそれぞれの所定の容器に廃棄する．実験器具および簡易ドラフトを元の位置に戻す．退室前に実験器具が揃っているかを確認し，整理・整頓して帰ること．

5.7 結果のまとめとレポートの作成

実際に行った手順や得られた結果は過去形で書くこと．使ったチオフェンの量など実験を再現するのに必要と思われるすべてのデータ（テキストに指示されている量ではなく，実際に実験で使った量）をレポートに書け．電解重合中や脱ドープ中の溶液の色の変化，得られた高分子膜の色や形状を報告せよ．各時刻における電流値ならびに電圧値を表にまとめ，電解重合および脱ドープの際に流れた電気量（電流値と時間の積）をそれぞれ計算せよ．合成した高分子膜の抵抗値やダイオードの点灯の仕方についてまとめよ．反応溶液の紫外可視吸収スペクトルの極大吸収波長（下向きの吸収帯が極小値をとる波長）を 1 nm 単位まで読み取れ．考察問題 5.1 〜5.3 について解答せよ．

参考文献

[1] 「導電性高分子」緒方直哉（編），講談社 (1990).

[2] 「白川英樹博士と導電性高分子」赤木和夫, 田中一義（編），化学同人 (2002).

[3] J. Heinze, B. A. Frontana-Uribe, and S. Ludwigs, Electrochemistry of conducting polymers —Persistent models and new concepts, *Chem. Rev.* **2010**, *110*, 4724.

[4] F. Geobaldo, G. T. Palomino, S. Bordiga, A. Zecchina, and C. O. Aréan, spectroscopic study in the UV-Vis, near and mid IR of cationic species formed by interaction of thiophene, dithiophene and terthiophene with the zeolite H-Y, *Phys. Chem. Chem. Phys.* **1999**, *1*, 561.

[5] R. S. Becker, J. S. de Melo, A. L. Maçanita, and F. Elisei, Comprehensive evaluation of the absorption, photophysical, energy transfer, structural, and theoretical properties of α-oligothiophenes with one

to seven rings, *J. Phys. Chem.* **1996**, *100*, 18683.

オンライン教材

- よくある質問と答え (FAQ)，課題 5 についての質問
  http://jikken.ihe.tohoku.ac.jp/science/faq/index.html#kadai5

課題6 有機化合物の合成

● 課題の概要 ●

有機化合物は，医薬品，農薬，発光材料，塗料，合成繊維，プラスチックなど様々な分野で有効に利用されており，今日の私たちの生活に欠かせないものとなっている．その多くが有機化学的な手法を用いて合成されており，多様な効率的分子変換反応の開発により様々な機能を持つ分子が入手可能になった．しかし，より高機能・高性能な分子は常に求められており，さらには新たな機能を持つ分子が科学・社会にブレークスルーをもたらすことから，有機化合物の開発は永続的に行われている．近年では計算科学的手法の発達により望みの機能をもつ有機化合物の予測が可能になってきているが，実験的に検証するためには，計算によってデザインされた分子，すなわち分子骨格の適切な位置に望みの官能基が導入された分子構造を持つ有機化合物を量的に供給する必要があり，この目的化合物を効率的に合成する新手法の開発がまず求められる．それと同時に，その供給法も環境に配慮されたものであることが重要視されており，目的化合物のみを選択的に，純度よく，安全かつ経済的かつ速やかに，環境を悪化させるような廃棄物を極力排出しない方法で合成するための製造工程の探索にも力が入れられている．新規有機化合物の合成や製造プロセスの改善の現場では，有機化学の知識のもと，実際に化合物を適切に取り扱い，合成反応を安全に実施することが必須である．

本実験では，第1週目には薄層クロマトグラフィー (TLC) を用いた色素の分離同定実験を行い，第2週目にはバナナの香りの成分の一つである酢酸イソペンチルを合成し，その純度をガスクロマトグラフィー (GC) により決定する．これらの実験を通して有機合成における一連の工程の基礎について学習する．

6.1 はじめに

6.1.1 有機合成実験

一般的な化合物合成は，原料に反応試薬などを作用させる化学反応を実施したのちに，生成物を単離精製し，構造解析により目的化合物と同定する，いう流れで進められる．

化合物を合成する際には，まず目的に合わせて化学反応を選択する．たとえば，今回のエステル合成ではフィッシャーエステル化反応を使うが，他にもエステルを合成する反応は数多く存在する．収率や反応時間などの反応効率，原料・反応試薬の安全性や経済性，反応に使用する器具や装置の入手性，反応後の精製の簡便さ，一連の操作で生じる廃棄物の取り扱いなどを考慮して実施する反応を選択する．現在では，情報検索ツール（SciFinder^{n} や Reaxys など）により目的化合物やその類似化合物の合成例を調べることができる．使用する試薬の安全性や取り扱い方などを事前に安全データシート (SDS) などで把握し，適切な実験環境を準備することが必須である．実施する化学反応の**反応機構**（どのような化学結合の組み換えを経て原料が生成物に変換されるのか）を理解することが適切な反応条件の設定や反応操作の実施のために不可欠である．

反応の実施後，ほとんどの場合で生成物は溶媒や副生成物，未反応の原料などとの混合物として得られる．目的化合物の物性や目的化合物以外の物質との分離しやすさ，反応スケールに応じて，抽出や蒸留，再結晶，クロマトグラフィーなどの精製方法を選択する．不純物の残留が物理的，化学的および生物学的性質に影響を及ぼす可能性があることから，必要とされる純度に達するまで精製することが求められる．

合成した化合物の構造は核磁気共鳴 (NMR) や赤外分光 (IR)，質量分析 (MS)，X 線結晶構造解析などの複数の分光学的手法を用いて総合的に決定される．目的化合物が既知の化合物であれば，報告されている文献値と比較する．新規化合物であれば，得られた各種スペクトルを推定構造と類似する化合物の報告値や計算科学的手法によって得られる予測値と比較したり，化合物を信頼性の高い化学反応を用いて既知化合物に変換したりすることなどによって，慎重に構造を決定する．これらの分離分析手法を用いて，得られた生成物の純度を検定することができる．副生成物の構造決定は反応の効率性を改善するための大きなヒントを与える．時として予想されなかった化合物が生成することがあり，このような“偶然”をきっかけに新たな研究へと展開されることがある．

6.1.2　分配

互いに混じり合わない溶媒 A および B が，界面を持って接している系に溶質 C を溶解させる場合，平衡状態で図 6.1 の式が成り立つ（**分配の法則**）[1]．

[1] 溶液中での平衡論が成立するのは，希薄条件と見なせる場合に限られ，濃厚溶液などにおいては，理論値からずれが生じる．

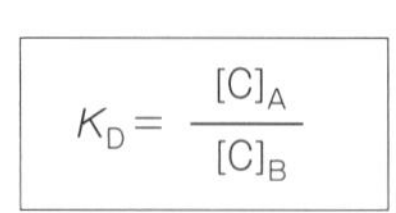

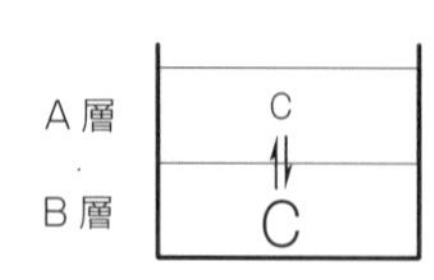

$[C]_A$: A 層における C の濃度

$[C]_B$: B 層における C の濃度

図 6.1　分配．

上式で $[C]_A$，$[C]_B$ は，それぞれ溶媒 A および B 中の C の濃度を表す．K_D は，**分配係数**（partition coefficient; P で表記されることもある）と呼ばれ，一定の圧力，温度において一定の値となる．

6.1.3　クロマトグラフィー

クロマトグラフィーとは，固定相と移動相とに対する親和性の差を利用して物質を分離する方法である．1905 年にロシアの植物学者ツヴェートが植物色素を炭酸カルシウムを充填したガラス管に通すことにより色素が分離されることを発見したことがその始まりとされている．簡単な操作で迅速に定量的に分離することでき，微量でも取り扱えることから，分離精製のみならず分析機器との併用による物質の同定，定量手段として，化学，生物学，薬学，農学，環境科学など物質を取り扱う分野全般で利用されている．2 相の間での物質の分布の度合いを左右するいくつかの機構（吸着，分配，イオン結合性，分子ふるい効果，生物学的親和性など）があり，分離機構に基づいて吸着クロマトグラフィー，分配クロマトグラフィー，イオン交換クロマトグラフィー，サイズ排除クロマトグラフィー，アフィニティークロマトグラフィーなどと呼ばれる．多くの検査薬がクロマトグラフィーの原理（イムノクロマト法）を利用している．

6.2　実験 1　薄層クロマトグラフィーによる色素の分離同定

食品色素の水溶液を薄層クロマトグラフィー上で分離し，色素を同定する．

6.2.1　実験の原理

(1)　薄層クロマトグラフィー

薄層クロマトグラフィー（thin layer chromatography: TLC，図 6.2）は，最も基本的で簡単なクロマトグラフィーの一つである．一般的な TLC は，ガラス板かアルミの薄板に，固定相となる吸着剤を塗布したもので，吸着剤の種類を選択することで様々な試料の分析に適用できる．TLC による試料の分離，分析は，プレートの下部に試料をスポットした後，溶媒をプレートの下端より染み込ませることで行う．この操作を展開といい，展開に用いられる溶媒を展開溶媒という．なお，展開を行う際は，展開溶媒が蒸発することによる影響を

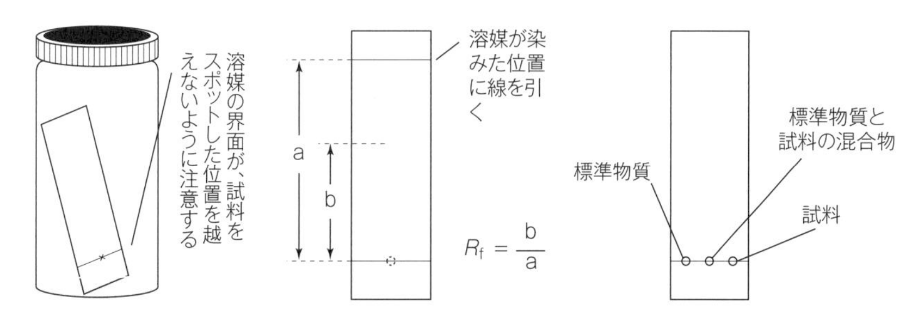

図 6.2　薄層クロマトグラフィー (TLC)．展開（左），R_f 値（中），重ね打ち（右）．

受けないように，展開溶媒の蒸気が飽和した密閉容器中で行う．また，展開溶媒の界面がスポットの位置より上になるような条件で展開を行った場合は，正しい結果が得られないばかりでなく，展開溶媒を試料で汚染することになるので注意すること．展開に伴って試料に含まれる化合物もプレート上方へと移動するが，試料中の各々の化合物が移動する度合いは，その種類により異なるので，展開することで試料中の複数の成分を分離することが可能となる．化合物が移動した距離 b を溶媒が移動した距離 a で割った値を **R_f 値**といい，展開の条件が一定であれば，R_f 値は化合物ごとに決まった値をとるので，化合物の同定の目安となる．たとえば，標準物質と比較する場合，標準物質，試料，および両者の混合物の 3 つのスポットを一度に展開する（一般に重ね打ちと呼ばれる）．それぞれの化合物が TLC 上でどの程度移動したかは，スポットを目視で確認することで知ることができる．化合物自体に色が着いていない場合には，紫外線を照射したり，発色剤を用いて呈色させたりすることなどにより確認する．紫外線の照射による確認は，対象とする化合物が，紫外領域に吸収を有する場合に有用な方法である．紫外線ランプを用いて固定相に蛍光剤を混ぜたプレートに紫外線を当てると，紫外吸収を有する化合物の存在する部分を残して蛍光がみられるため，化合物の位置が特定できる（図 6.3）．

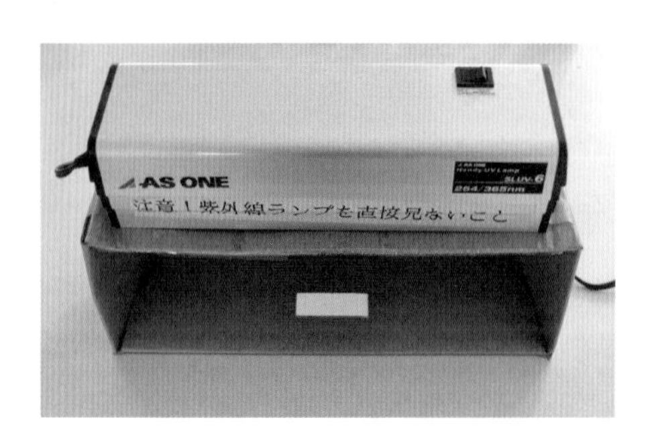

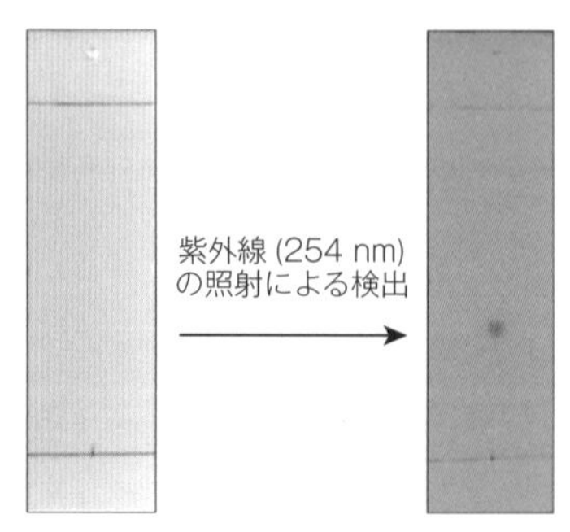

図 6.3　紫外線ランプとスポットの検出．

6.2.2　実験に使用する器具・試薬

- 色素水溶液
- TLC プレート:オクタデシルシリル (ODS) 化シリカゲル（アルミ板担持）
- 展開溶媒：33 vol% エタノール水溶液
- 展開槽（サンプル瓶）
- つま楊枝[2]
- ピンセット
- 鉛筆

[2] 一般的にはガラス毛細管（キャピラリー）を使用する．キャピラリーは折れやすく破片で眼に怪我をするおそれがあるので，使用する際は必ず保護メガネを着用すること．

6.2.3 実験操作

1. サンプル瓶（展開槽）に展開溶媒（エタノール：水＝1：2）を高さ 3 mm 程度入れる．蓋をして数分間放置し，展開槽の内部を溶媒蒸気で飽和させる．
2. TLC プレートの下から 5 mm の位置に鉛筆で軽く線を引き，中央（スポットする位置）に印をつける．
3. つま楊枝を使って色素水溶液を印の位置にスポットする．
4. ピンセットを使って，展開槽に TLC プレートを静かに入れる．すぐに軽く蓋をして静置する．
5. 展開溶媒が TLC プレートの上から 10 mm くらいまで染み上がったら，TLC プレートを展開槽から出して，すぐに展開溶媒が染み上がった先端に線を引く．
6. ドライヤーを使って TLC プレートを乾燥させる．
7. 色素の R_{f} 値を計算する．
8. 標準試料との重ね打ちにより色素を同定する．

TLC の操作の動画をあらかじめ視聴しておくこと[3]．

[3] https://jikken.ihe.tohoku.ac.jp/science/advice/TLC2022.mp4

6.2.4 結果のまとめ

Classroom にアップロードされているフォーマット（Word ファイル）を使って色素の R_{f} 値と構造式を報告する．

6.3 実験 2 酢酸イソペンチルの合成

酢酸とイソペンチルアルコール[4] から酢酸イソペンチルを合成するフィッシャーエステル化反応を実施する（図 6.4）．

[4] IUPAC 命名法での正式な名称は 3-methyl-1-butanol である．この実験では一般的な呼称であるイソペンチルアルコールを使用している．

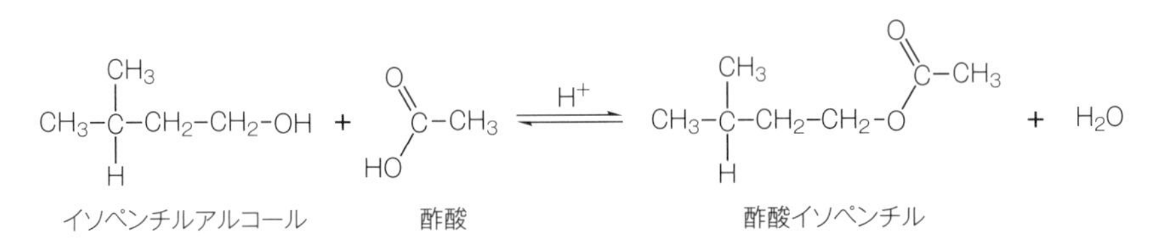

図 6.4 酢酸イソペンチルの合成．

6.3.1　実験の原理

(1)　フィッシャーエステル化

カルボン酸とアルコールを触媒量の強酸の存在下で反応させると，水を伴ってエステルが生成する．この反応は，**フィッシャーエステル化** (Fischer esterification) と呼ばれ，有機溶媒として広く用いられる酢酸エチルの工業的製法にも応用されている．この反応は可逆反応であり[5]，エステルの収率を上げるには，原料の片方を過剰に用いるか，生成した水を反応系外に除去する必要がある．フィッシャーエステル化反応では，図 6.5 の式に示すように，硫酸のような強酸は水素イオン（プロトン，H^+）を供与してエステル化を促進させる**触媒** (catalyst) として機能している．

[5] 酢酸とエタノールから酢酸エチルが生成する場合，酢酸に対するエタノールの割合が 0.05 から 8 の範囲にあるときの平衡定数は 4.

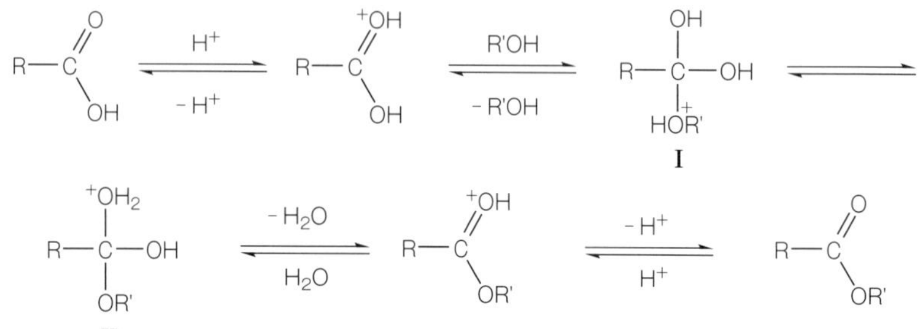

$$\mathrm{R{-}C(=O)OH} \underset{-\mathrm{H^+}}{\overset{\mathrm{H^+}}{\rightleftharpoons}} \mathrm{R{-}C(={}^{+}OH)OH} \underset{-\mathrm{R'OH}}{\overset{\mathrm{R'OH}}{\rightleftharpoons}} \underset{\mathbf{I}}{\mathrm{R{-}C(OH)_2({}^{+}HOR')}} \rightleftharpoons$$

$$\underset{\mathbf{II}}{\mathrm{R{-}C({}^{+}OH_2)(OH)(OR')}} \underset{\mathrm{H_2O}}{\overset{-\mathrm{H_2O}}{\rightleftharpoons}} \mathrm{R{-}C(={}^{+}OH)OR'} \underset{\mathrm{H^+}}{\overset{-\mathrm{H^+}}{\rightleftharpoons}} \mathrm{R{-}C(=O)OR'}$$

図 6.5　フィッシャーエステル化の反応機構．

> **コラム 6.1　ヘルマン・エミール・フィッシャー**
>
> Hermann Emil Fischer (1852-1919)．ドイツの化学者．エステル合成法のみならず，フィッシャー投影図の発案や糖の構造決定など数多くの業績を残した有機化学の先駆者である．1902 年ノーベル化学賞受賞．

(2)　ガスクロマトグラフィー

ガスクロマトグラフィーは気体，液体あるいは溶液の混合物中の成分を分離，分析する方法の一つで，微量な成分の分析が迅速にでき，分離能が高く，有機化合物のみならず揮発性の無機物質も分析できる．装置は，(1) キャリヤーガス供給装置，(2) 試料注入口，(3) 分離カラム，(4) 検出器，(5) 恒温槽，(6) データ処理装置の 6 つの部分から構成される（図 6.6）．

試料注入口から注入された試料はキャリヤーガス（移動相）に運ばれて，充填剤を詰めた分離カラム（固定相）へ送られる．試料中の各成分は，カラムを通過する際，充填剤とそれぞれ相互作用を起こす．相互作用の強弱は，化合物の種類により異なるため，各々の成分が検出器に到達する時間には差が生じる．試料を注入してから，ある成分が検出されるまでの時間をその成分の保持時間といい，同一の条件下（充填剤の種類，カラムの長さ，キャリヤーガスの種類と

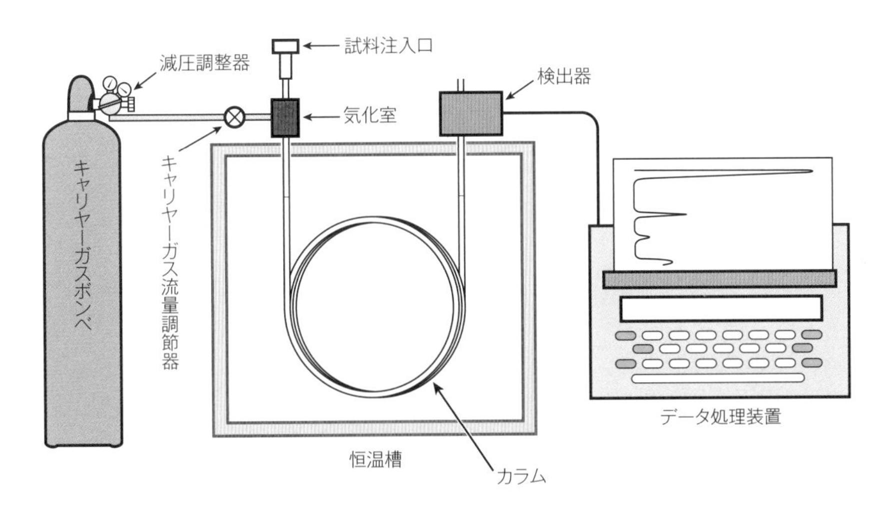

図 6.6　ガスクロマトグラフィー.

流量，カラムの温度）では一定の値が得られる．そのため，保持時間を予め測定した標準試料の保持時間と照合することで，成分が何であるかを決める（同定する）ことができる.

検出器はカラムから出てきた物質の量を電圧の高低に変換する．データ処理装置は，この電圧変化を時間軸に対してプロットしたチャート（クロマトグラムという）へ書き出す．測定者はチャートからピークの位置と面積を読み取り，成分の種類と量を決める.

本実験で用いる装置は熱伝導率検出器を用いており，同じ充填剤を詰めた 2 本のカラムの片方のみに試料を導入し，試料が導入されないものとの熱伝導率の差を検出している．したがって，キャリヤーガスとして，ヘリウムなどの熱伝導性が高い気体を用いるのが望ましい（現在世界的にヘリウムが入手困難となっているため，本実験では窒素を使用している）.

キャリヤーガスの流量や恒温槽の温度設定は充填剤の種類とともに試料の分離に大きく影響を及ぼすので，適切な条件に設定することが重要である.

6.3.2　実験に用いる器具・試薬

(1)　器具（図 6.7）

(2)　試薬

- イソペンチルアルコール
- 酢酸
- 濃硫酸
- シリカゲルビーズ
- 無水硫酸ナトリウム
- 5% 炭酸ナトリウム水溶液
- 飽和食塩水

図 6.7　実験に使用する器具.

6.3.3　基本操作

(1)　クランプの使い方（図 6.8）

クランプは，ガラス器具をはじめとして様々な実験器具を固定するのに使用されている．クランプを使用する場合に，締めつけが弱いと挟んだものが落下することがある．逆に，ガラス器具などを強く締めすぎると破損してしまうこともある．適正な強さで締めつけを行うためには，まず，固定するものをクランプのグリップ部の上からつかみ，ねじが浮いた部分だけを締めるとよい．また，クランプからものを外すときにも，グリップ部の上から固定しているものを間接的につかんだ後，ねじを緩めれば不用意な落下を防ぐことができる．

図 6.8　クランプの使い方.

(2) 分注器の使い方（図 6.9）

分注器（ディスペンサー）は，一定量の液体を吐出することができる．有機合成実験のみならず，生物系の実験などで幅広く使用される．使用する際には設定されている吐出量（目盛り）を確認し，液体が飛び散らないようにゆっくりと操作すること．

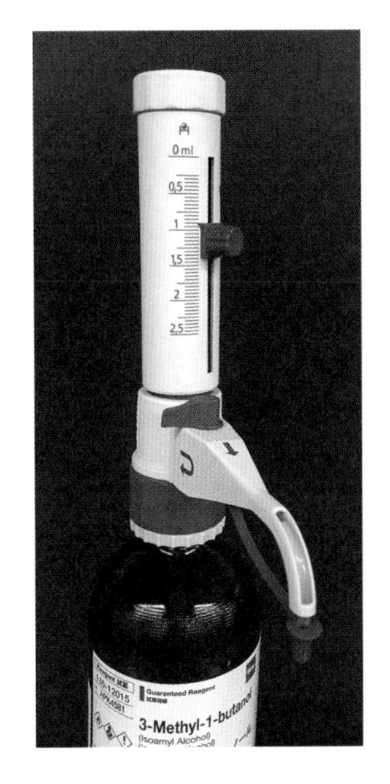

図 6.9 分注器（ディスペンサー）.

6.3.4 実験操作

(1) 酢酸イソペンチルの合成

注意！

すべての作業は白衣と保護眼鏡を着用して実施すること．

以下では 酢酸 1.6 mL，イソペンチルアルコール 0.9 mL を用いた実験手順を説明するが，実際に実験で使用するイソペンチルアルコールと酢酸の量は第 1 週目に指示する．

1. 5 mL のバイアルの重さを量り，分注器を用いてイソペンチルアルコール 0.9 mL を加える (分注器の目盛りを確認すること)．バイアルを再度秤量し，使用するイソペンチルアルコールの重量を求める．そのバイアルに酢酸（密度 1.05 g/mL）1.6 mL，濃硫酸 2 滴を加え，ガラスさじで上下に軽くかき混ぜる．ここに 3〜4 粒の沸騰石と，シリカゲルビーズ 0.2 g を加える．

2. 上で用意したバイアルを，スタンドに設置された還流管の下側に取り付ける（図 6.10）．還流管の上側に塩化カルシウムを詰めた乾燥管がついていることを確認すること．装置を 170 ℃ に熱したアルミブロックに載せ，約 30 分間加熱還流させる．

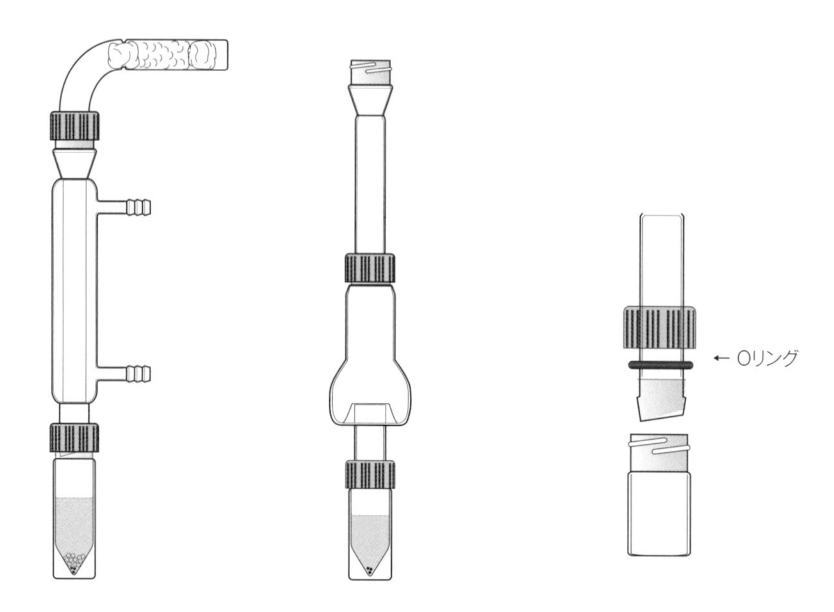

図 6.10　反応装置（左）と蒸留装置（中），ガラス器具のつなぎ方（右）．

3. 加熱後，反応装置をスタンドに戻してしばらく放冷した後，バイアルを水で冷やし，冷却管から取り外す．

注意！

必ず保護眼鏡を着用すること．またパスツールピペットで手を切らないように注意すること（特にスポイトキャップ装着時）．

4. 反応溶液をパスツールピペットで遠沈管に移し，ここに 5%炭酸ナトリウム水溶液 2 mL を滴下する．炭酸ナトリウムを加えると，激しく発泡が起こるので，少量ずつを振り混ぜながら加える．加え終わった後も，栓を開けたまましばらく振り混ぜる（パスツールピペットで溶液の吸い込みと吐き出しを数回繰り返す）．発泡が収まってきたら栓をして 1 回振りすぐに栓を外す（このとき激しく発泡が起こる場合があるので注意すること）．さらに栓をして数回振った後，栓を開けてしばらく放置し，きれいに二層に分離するのを待つ．
5. 二層に分かれたら，下層をパスツールピペットで吸い出し，三角フラスコに捨てる．有機層の残った遠沈管に，飽和食塩水 1 mL を加え，栓をして激しく上下に振り混ぜ，静置する．二層に分離したら下層を吸い出して，三角フラスコに捨てる．

6. 遠沈管に残った有機層を，パスツールピペットを用いて試験管に移し，無水硫酸ナトリウム 0.2 g を加えて振り，エステルを乾燥させる．加えた硫酸ナトリウムがすべて塊状の水和物になるような場合には，水分が除かれていない可能性があるので，追加すること（Classroom に電子天秤の使い方の動画がアップロードされているので視聴しておくこと）．
7. パスツールピペットを用いて有機層を 3 mL のバイアルに移す．ここに沸騰石 2～3 粒を加え，ヒックマン蒸留器と空冷管を取り付ける（図 6.10，黒いキャップとスリの間に O リングを挟むこと）．硫酸ナトリウムがバイアルの摺りの部分に付着した状態で装置を組むと，後に摺りが外れなくなることがあるので，この部分に硫酸ナトリウムをつけないように注意すること．組み上げた装置を，190 ℃に熱したアルミブロックに載せ，エステルを蒸留する．
8. エステルの留出が終わったら加熱をやめ，留出したエステルが冷めるまで放冷する．空冷管を外してエステルをパスツールピペットで吸い出し，あらかじめ重さを量っておいたサンプル瓶に取る．
9. サンプル瓶を再度秤量して得られたエステルの重量を求めた後，エステルの一部（5 滴）を別のサンプル瓶にとりわけ，メタノール 0.5 mL で薄めて，ガスクロマトグラフィーで成分の分析を行う．

(2) ガスクロマトグラフィーによる純度分析

合成したエステルの純度をガスクロマトグラフィーにより調べる．なお，以下の操作は教員または TA が行うので，その所作を見学すること．

1. マイクロシリンジのプランジャー（注射器の内容物を押し出す金属棒）を引き，空気を約 2 μL 入れる．
2. 針を試料溶液につけ，プランジャーをさらに引き上げて試料溶液を約 1 μL 採取する．さらに空気を約 2 μL 入れる．
3. ガスクロマトグラフの上部にある注入口に，マイクロシリンジの針を曲げないように，針の残りが約 1 cm になるまでさす．試料を押し出すと同時に，記録計のスタートボタンを押す．試料の注入後，マイクロシリンジを注入口からすぐに引き抜く．試料溶液は分析結果が出るまで保管すること
4. 記録計が作動している間に，使用したマイクロシリンジを洗浄用のメタノール溶液につけて，メタノールを吸い上げては専用のビーカーに捨てる操作を 3 回以上繰り返す．洗浄が終わったら，マイクロシリンジをもとの箱に戻しておく．

注意！

サンプルの注入の際は，注入口が熱くなっているので，手を触れないよう注意する．また，ガスクロマトグラフ装置のキャリヤーガスの流量や恒温槽の温度等の分析条件は予め適切な条件に設定してあるので，装置のダイアル等には手を触れてはいけない．試料を装置へ注入するのに用いるマイクロシリンジの針やプランジャーを曲げないように注意して扱う．

クロマトグラム（ガスクロマトグラフィーのチャート）の読み方

ピークの上に書かれた数値は，スタートボタンを押してからその化合物のピークが検出されるまでの時間であり，その化合物の保持時間である．それぞれの成分の量の比は各々のピークの面積比から求めることができる[6)]．ピークの面積はクロマトグラムの下方に出力される表中の AREA の項目に示される．つまり，図 6.11 のチャートにおいて，ピーク番号 3（表中 PKNO で示される）のピークの保持時間は，5.319 分で，ピークの面積は 41645 である．なお，このクロマトグラムにおいて，1 は溶媒に用いたメタノール，2 がイソペンチルアルコール，3 が酢酸イソペンチルである．実験室に設置しているガスクロマトグラフのカラムの充填剤には同一種類のものを用いているが，（充填剤：SE30，カラム長：2 m）それぞれの装置，カラムに若干の個体差があるため，各装置で保持時間には違いが見られる．しかしながら，化合物の検出順序は不変であるため，クロマトグラムは図 6.11 と相似したものになるはずである．

6) 成分比を正確に出したいなどの定量的な測定を行う場合には，標準試料を用いて予め検量曲線を作成するなどして，化合物による検出感度の違いを補正する必要がある．今回の実験においては，酢酸イソペンチルとイソペンチルアルコールの検出感度が同一であると仮定して純度を決定せよ．

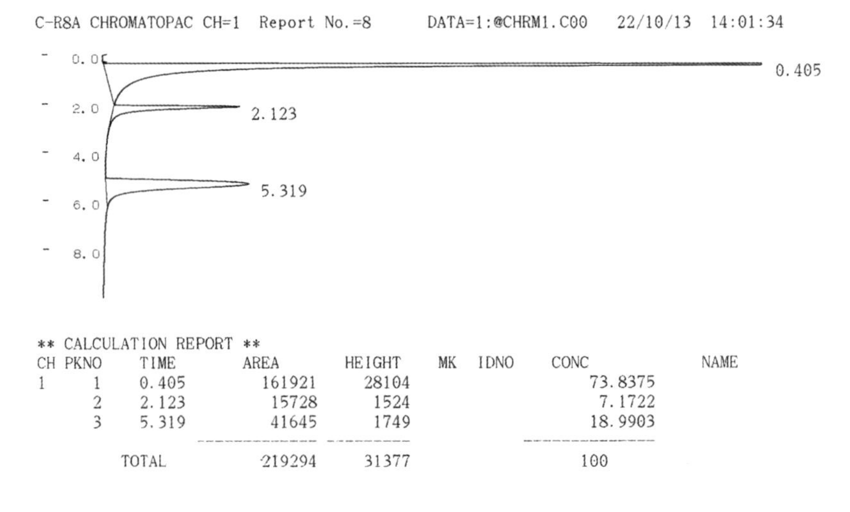

** CALCULATION REPORT **

CH	PKNO	TIME	AREA	HEIGHT	MK	IDNO	CONC	NAME
1	1	0.405	161921	28104			73.8375	
	2	2.123	15728	1524			7.1722	
	3	5.319	41645	1749			18.9903	
		TOTAL	219294	31377			100	

図 6.11　分析によって得られたクロマトグラム（例）．

6.3.5　後片付け

実験で生じた実験廃液は所定の廃液タンクに廃棄する．ガラス器具は，器具の容積の 5%程度のアセトンで数回洗い流したのち，ブラシを使って洗うこと．汚れが固着している場合は研磨剤を使う（Classroom にガラス器具の洗い方の動画をアップロードしているので視聴しておくこと）．洗い終わったら，共通のガラス器具は元の場所に戻し，それ以外の器具は試験管立てに逆さまに置いて乾燥させる．詳細については実験時に指示する．次の人が信頼できる実験が行えるようにガラス器具，実験台をきれいにするように心がけよう．

6.3.6　レポートの作成

実験 2 のレポートを，巻頭にあるレポートの形式に従って作成し提出する．

1. 目的
2. 原理

   この実験レポートでは各項目の重要箇所を 2 文程度で簡潔にまとめる．フィッシャーエステル化の反応機構は手書きした画像を載せること．
3. 実験方法

   実際に自分が行ったことを書くこと（行ったことであるから，記述は過去形）．ここに書かれたとおりに実験を行うことで，自分の行った実験を他人が再現できるように書く．
4. 結果

   実際に自分が実験で得た結果を書くこと．

   (a) 得られた化合物の収量，性状および収率．
   (b) ガスクロマトグラフィーの分析結果（チャートのコピーを貼付すること），および純度．

   を必ず書くこと．また，実験を行った際に観察された変化についても書くこと．

   収率とは，反応が理想的に進行した場合に得られるはずの物質量（モル数）に対する実際に得られた目的物の物質量の割合を % で表した数値である．本実験で行った反応は，一分子の酢酸と一分子のイソペンチルアルコールから一分子の酢酸イソペンチルが生成する反応であるから，反応が理想的に進行した場合，用いた原料のうち少ない方の原料と同じ物質量の生成物が得られることになる．

   (a) まず，使用した原料の分子式を求め，分子量を算出すること（巻末の周期表に原子量が記されているので，これを利用せよ）．
   (b) 次に，上で計算した分子量を元に，使用した原料のモル数を求めよ．なお，酢酸とイソペンチルアルコールの純度を 100% であると仮定し，酢酸の密度を 1.05 g/mL として計算せよ．
   (c) 酢酸イソペンチルの分子式，分子量を求め，得られたエステルのモル数を算出せよ．
   (d) b と c の値から，収率を計算せよ．算出した式を明記すること．

5. 考察

   実験によって得られた結果（つまり，結果の項で書いた内容）を，科学的な知識で解釈し，説明する．化学的な反応が起きたと考えた場合は，それに対応する化学式を書くこと．また，実験で行った操作にどのような意味があったのか，特に試薬を用いている場合は，その試薬がどのような作

Ⅱ 物質

用を持つかについて考え，記述すれば良いレポートになる．

考察を行う目的の一つは，実験で得た結果を次にどう生かすか，にある．たとえば，今回の実験では，100%の収率で目的生成物が得られることはほぼない．もしもう一度酢酸イソペンチルの合成を行うとしたら，どのように反応条件や実験操作を変えれば効率が向上するかを多角的に検討すると考察の足掛かりとなるであろう．

6. 問題 (6.4 節) への回答
7. 結論

コラム 6.2　結果と考察の違い

塩酸にアルミニウム片を入れ，変化を観察するという実験を行った場合，結果に書くべきは，客観的事実である「アルミニウム片の表面から気泡が発生し，最終的にアルミニウム片は溶解した」のようなものであり，考察は「$2Al + 6HCl \rightarrow 2AlCl_3 + 3H_2$ という反応が起き，アルミニウムは水溶性の塩化アルミニウムになり，溶解した．発生した気泡は水素であると考えられる」などとなる．

6.4　問題

6.1

フィッシャーエステル化反応に関して以下の問いに答えよ．

1. 硫酸とシリカゲルビーズの役割について記せ．
2. 酢酸を過剰量用いることの意義について考察せよ．
3. 酢酸でなく，イソペンチルアルコールを過剰に用いた場合はどのようなことが起こりうるか，考えよ．

6.2

抽出操作について，以下の問いに答えよ．発泡した際に生じた気体は何か．またその際の化学反応式を答えよ．飽和食塩水および無水硫酸ナトリウムは何のために加えているか，その役割を記せ．

6.3

国際化学物質安全性カード (ICSC: International Chemical Safety Cards) のデータによれば，イソペンチルアルコールの $\log_{10} P_{\mathrm{ow}}$（1-オクタノール/水の分配係数の log をとった値）は 1.28 であり，酢酸の $\log_{10} P_{\mathrm{ow}}$ は -0.17 である．これらの値をもとに，以下の問いに答えよ．

1. イソペンチルアルコールの1-オクタノール溶液を同体積の水で1回抽出したとき，水層に移動するイソペンチルアルコールの割合と，有機層に残留する割合を求めよ．
2. 同溶液を水で2回抽出した後，有機層に残るイソペンチルアルコールは，最初の溶液と比してどれだけの割合であるか計算せよ．
3. 酢酸の1-オクタノール溶液を水で抽出した場合についても同様に計算せよ．
4. 上のことを参考にして，生成したエステルを炭酸ナトリウム水溶液で洗浄した理由を考察せよ．

6.5 発展

6.5.1 構造決定とスペクトル

化合物を対象とする化学においては，化合物の構造を知ることが不可欠である．また，天然物有機化学においては，生物が産生する化合物から有用なものを単離して，その構造決定を行うことが一つの大きな研究分野を形成している．また，通常の化学合成を行う際にも，反応によって得られた化合物が目的とした構造であるかを確認することは，非常に重要である．かつては，主に分子量測定[7]，元素分析[8]，官能基試験[9]から得られた情報を基にして化合物の構造決定が行われていた（化合物が複雑な場合は，特定の条件で分解反応を行い，生じた分解生成物に対して上記の分析を繰り返し試みる）．しかし現在，これらの手法が化合物の構造決定において担う役割は極端に減少し，その代わりにより少量の試料で手早く分析が可能な，各種スペクトルが利用されるようになった．

一般に，質量スペクトル（MASSスペクトル）と，赤外スペクトル（IRスペクトル），核磁気共鳴スペクトル（NMRスペクトル）が構造決定に利用されている．MASSスペクトルは，分子をイオン化して生じるイオンの質量を測定するもので，分子量，分子式のほか，分子イオンの壊裂のパターンを解析することで分子の部分構造についての情報も得られる．NMRスペクトルは，分子を形成する原子の原子核の磁場中での磁気的状態の遷移を観測するもので，化合物の構造に関して多くの情報を与えるため，有機化合物の構造決定のために不可欠なものとなっている．単純な化合物の場合には，NMRのみでその構造が明らかになることも多い．

[7] 試料を溶媒に溶かし，浸透圧を測定する方法，溶媒の蒸気圧変化を見る方法など，様々な方法がある．

[8] 試料を燃焼させ，生ずる気体および固体を定量的に分析することで，その化合物が含有する元素の比率を求める方法．

[9] 特定の官能基を有する分子と特徴的な反応を起こす反応試剤に対する反応性を調べることで，その官能基の有無を調べる手法．

6.5.2 赤外スペクトル

化合物が有する赤外領域の吸収のうち，波数[10] 4000〜400 cm^{-1} に現れる吸収は，その化合物の分子の振動に由来するもので，構造決定に利用できる．分子は変形しない剛体ではなく，分子内の原子同士の相対位置は変化している．こ

[10] 赤外スペクトルにおいては，吸収帯の位置を表すのに慣例的に波長の逆数である波数が用いられている．波数4000 cm^{-1} の赤外線とは，1 cmあたり波の繰り返しが4000あるもので，波長2.5 μmの赤外線である．

表 6.1　主な官能基の特性吸収帯.

官能基	振動モード	吸収	強度
O–H（水素結合）	伸縮	3550〜3200 cm^{-1}	強（幅広）
C–H	伸縮	3100〜2840 cm^{-1}	強
C=O（カルボン酸）	伸縮	1760 cm^{-1} 付近	強
C=O（エステル）	伸縮	1750〜1735 cm^{-1}	強
C=O（ケトン）	伸縮	1715 cm^{-1} 付近	強
C=O（カルボン酸，水素結合）	伸縮	1710〜1680 cm^{-1}	強
O–H（カルボン酸）	変角	1440〜1395 cm^{-1}	中
C–O（カルボン酸）	伸縮	1320〜1210 cm^{-1}	強
C–O（エステル）	伸縮	1300〜1000 cm^{-1}	強
C–O（アルコール）	伸縮	1260〜1000 cm^{-1}	強

うした変化のうち，分子内の結合している原子同士の距離が増減する伸縮振動や，1 つの原子から延びる 2 つの結合の角度が増減する変角振動などの分子振動は，原子をおもりに，原子間の結合をばねに見立てたモデルでほぼ説明できる．分子振動を有する最も単純な系である二原子分子を例にとると，この種の分子が有する唯一の分子振動である，二原子間の結合の伸縮振動の振動周期は，ばねで繋がれたおもりの質量に相当する原子の質量と，ばねの強さ，つまり原子–原子結合間の電子状態によって決まる．また，結合両端の原子に静電的に偏りがあるような場合，その結合の振動周期に対応した波数の赤外線が分子に当たると，その赤外線は吸収され振動は増幅される．多原子分子の場合には，複数のおもりが複数のばねによって結合しているモデルを考える必要があるため，正確な分子振動を予測するのには複雑な計算が必要になるが，多重結合や，水素との結合では異なる化合物上にあっても類似した領域に吸収が見られる．この吸収帯をその結合の特性吸収帯といい，特性吸収帯の有無から分子内が有する官能基の有無が推定できる．表 6.1 に主な官能基の特性吸収帯を示した．

6.5.3　発展問題

IR スペクトルについて以下の問いに答えよ．

6.4

今回の反応に用いた原料の IR スペクトルを図 6.12 に示した．どちらが酢酸でどちらがイソペンチルアルコールのものであると考えられるか？　そう判断した根拠とともに示せ．

6.5

今回の反応でできた生成物の IR スペクトルが図 6.13 であった．この生成物は，期待したエステルであると考えられるか？　またその根拠も記せ．

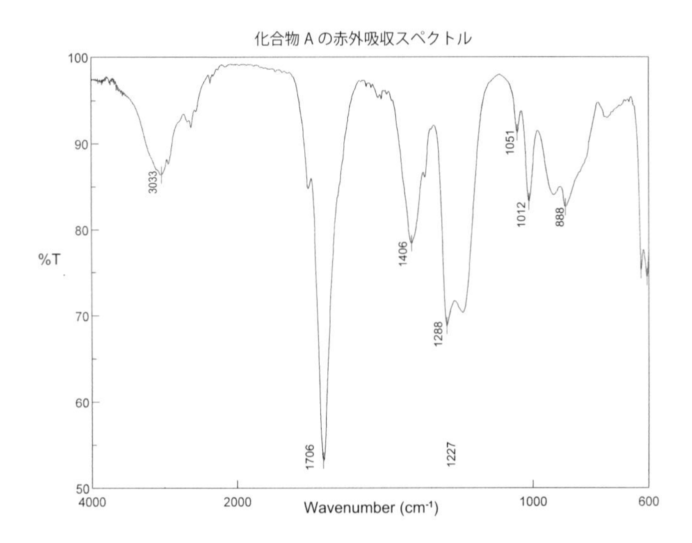

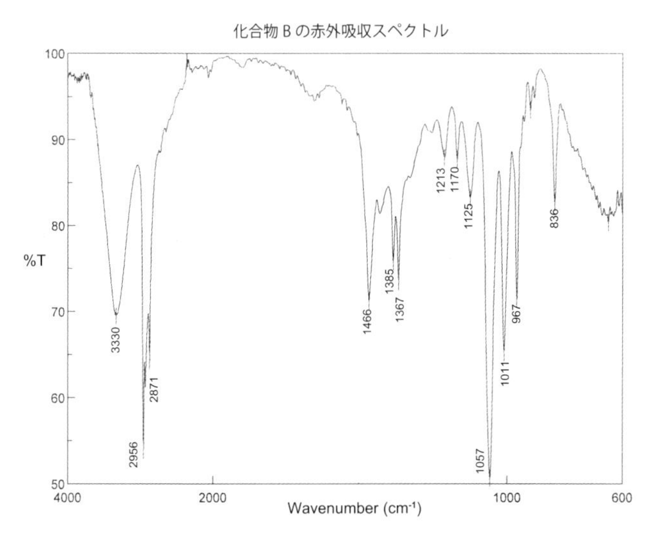

図 6.12　原料の赤外吸収スペクトル

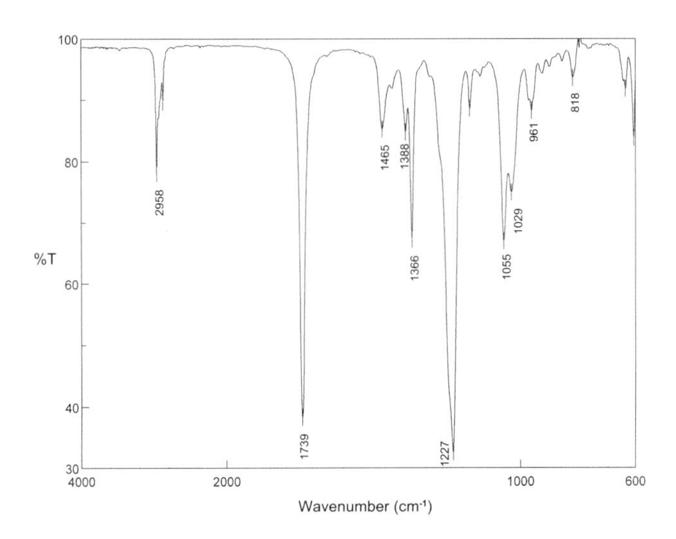

図 6.13　生成物の赤外吸収スペクトル

参考文献

クロマトグラフィー

[1] 「基礎分析化学」日本分析化学会（編），朝倉書店 (2004).

薄層クロマトグラフィー

[2] 「第 5 版 実験化学講座 4：基礎編 IV 有機・高分子・生化学」日本化学会編，丸善 (2003).

フィッシャーエステル化

[3] 「クライン有機化学」D. R. Klein（著），岩澤伸治（監訳），東京化学同人 (2018).

[4] 「ボルハルト・ショアー現代有機化学 第 8 版」K. P. C. Vollhardt, N. E. Schore（著），古賀憲司，野依良治，村橋俊一（監訳），化学同人 (2020).

[5] 「スミス有機化学 第 5 版」J. G. Smith（著），山本尚，大嶌幸一郎（監修），化学同人 (2017).

[6] 「はじめて学ぶ大学の有機化学」深澤義正，笛吹修治，化学同人 (1997).

ヘルマン・エミール・フィッシャー

[7] 「化学の生い立ち」竹内敬人，山田圭一，大日本図書 (1992).

ガスクロマトグラフィー

[8] 「第 5 版　実験化学講座 4：基礎編 IV 有機・高分子・生化学」日本化学会（編），丸善 (2003).

構造決定とスペクトル

[9] 「有機化合物のスペクトルによる同定法 第 8 版：MS, IR, NMR の併用」R. M. Silverstein, F. X. Webster, D. J. Kiemle, D. L. Bryc（著），岩澤伸治，豊田真司，村田滋（訳），東京化学同人 (2016).

オンライン教材

- 薄層クロマトグラフィー
  `http://jikken.ihe.tohoku.ac.jp/science/advice/TLC.html`

- よくある質問と答え (FAQ)，課題 6 についての質問
  `http://jikken.ihe.tohoku.ac.jp/science/faq/index.html#kadai6`

IV
科学と文化

弦の振動と音楽

● 課題の概要 ●

この課題ではギターを用いて，自然科学と音楽の関係，およびそこに潜む普遍性と多用性を探っていく．また，グループ・ディスカッションを通し科学と文化の関係について考察する．

9.1　はじめに

9.1.1　音楽に潜む普遍性と多様性

この課題ではまず，私たちの日常生活に潜む自然法則の普遍性を，具体的な実験と解析を通して直感的に理解することを試みる．科学的な視点を持つことで，特別な実験装置がなくとも身近な対象から自然法則への理解を深められるのである．むしろ，日常の何気ない現象からその背後にある自然法則やオリジナルな科学的想像力が見いだされるだろう．

科学的な議論は，比較文化論など通常「文科系」に分類される学問にも結びつく．文化と自然科学の関係や社会の中での自然科学の役割を考えるには，科学の普遍性と同時に科学の適用限界の把握が不可欠になる（科学哲学の視点）．そこで，本課題では音楽の普遍性と多様性を具体例として，科学の普遍性と文化の多様性の関係を考察する．

この課題では，音楽を単に「物理」または「理科」という一教科の素材として見るのではなく，むしろ総合科学の格好の対象（現象）と捉え，想像力をフルに活用し，周囲のメンバーとの会話を通した学びの機会とすることが望まれる．

音楽は，人間の感情や思想などの表現として世界中で用いられてきた芸術の一形態である．音楽の表現形態は，声を使ったもの，楽器を使ったものなど多様である．民族によっても様々に異なり，また時代による変遷もある．

しかし，これらの多様な音楽形態の多くは五線譜上に表現できる．人間の声は連続的に音の高さを変えることができるが，音楽の表現では音程の高さが飛び飛び（離散的）になっている．このように，音楽には民族や時代を越えた普遍性が存在する．これは，背後に自然法則の普遍性があることを意味する．音楽には民族や時代による多様性と自然法則に由来する普遍性の両面を見ることができる．

9.1.2 実験の概要

実験を通して，弦楽器であるギターを題材とし自然法則と音楽の関係について学ぶ．ギターのように両端が固定されている弦を弾くと，ある特定の音（振動）が出る．この音は，弦の長さ，弦の張り方（張力），弦の太さや材質によって変わる．

この課題の1週目では，ギターを用いた実験を2つ行う．実験1では，弦の長さと音の高さ（**周波数**）の関係を調べ，波動力学の初歩を学ぶ．弦に生じる振動は一般に1つではなく，**周波数**の異なる複数の振動（モード）の重ね合わせとなっている．このモードの重ね合わせについて，実験を通して体感すると共に，スペクトラム・アナライザを使ってある程度定量的にとらえることを試みる．

実験2では，ギターの弦を特定のモードで振動させる奏法を習得し，楽器の音色や音階成立の過程と振動モードとの関係について調べる．この2つの実験をもとに，科学と音楽（文化）の関係を考察する[1)]．

2週目では，1週目で行った実験に関連したトピックスについてグループ・ディスカッションを行う．ディスカッションを通し，この実験の目的の一つである会話を通した学びの機会とする．

1) 本課題に関連したテーマとして音階，弦の振動，量子化（物理），音程の生物学的分解能（生物），フーリエ解析（数学），純正律と平均律音階（数学，比較文化論），音の知覚（生理学，心理学，脳科学）などが挙げられる．

9.2 基礎知識（実験の原理）

9.2.1 音色と音階

弦の中央を弾いたときと，端を弾いたときとでは音の感じ（音色）が異なる．一本の弦には，様々な高さ（**周波数**）の単純な音（**振動**）が同時に含まれている．この複数の周波数の振動それぞれの振幅の大きさが異なると音色が異なり，数学・物理学の言葉では**フーリエ級数展開**として説明できる．

楽器にはピアノやギターのように飛び飛びの高さの音を出す物と，トロンボーンやバイオリンのように連続的な高さの音を出せるものがある．しかし，西洋音楽に限らず多くの音楽は楽譜（たとえば五線譜）として書かれている．この飛び飛びの音は音階と呼ばれ，国や地域による違いあるいは時代と共に派生していくなど，様々な音階が存在している．

音階が存在することの背後には，自然科学の言葉で説明できる何らかの普遍的原理があることがうかがえる．一方，様々な音階があることは，文化や歴史の違いなどの多様性を示している．

9.2.2 定常波と振動モード

弦に生じる振動を，単純な振動に分解して描いたのが図 9.1 である．各 n のモードに応じた周波数は，式 (9.1) で表せる．

$$f_n = \frac{n}{2L}\sqrt{\frac{F}{\sigma}} \tag{9.1}$$

ここで，f_n は周波数 [Hz]，L は振動している弦の長さ [m]，F は弦の張力 [N $(= \mathrm{kg \cdot m/s^2})$] [2]，$\sigma$ [3] は単位長さあたりの質量（線密度 [kg/m]）であり，n は自然数 $(1, 2, 3, \cdots)$ である．

式 (9.1) の n の異なる多様な波が，1 本の弦の中に同時に含まれていて，その割合によって音色が決まってくる．音の波形（強度を時間の関数で見たもの）をオシロスコープなどで観測してみると，同じ楽器を用いて同じ高さの音でも弾き方によって音色が．また，同じ高さの音でも楽器によって音色が異なる．音色の違いは，波形の違いである．

両端を固定された弦に生じる定常波の空間的な形は，弦の（止まっているときに比べた）垂直方向への変化（振れ）の大きさを y，波の伝わる方向（弦の方向）を x としたとき，三角関数を使って表される．いま，弦の一端 $(x = 0)$ が固定されている条件 $(y = 0)$ を常に満たす三角関数は $y = \sin kx$（k は定数）である．さらに，弦のもう一方の端 $(x = L)$ が常に固定されている条件 $(y = 0)$，すなわち $x = L$ と $y = 0$ を先ほどの $y = \sin kx$ に代入すると，$kL = n\pi$ から，$k = n\pi/L$ となる．これらの議論から一般に，両端を固定された長さ L の弦の振動は，次の形になることがわかっている．

$$\begin{aligned} y &= y_1 + y_2 + y_3 + \cdots, y_n \\ &= A_n \sin\left(\frac{n\pi}{L}x\right)\cos\left(2\pi f_n t\right) \end{aligned} \tag{9.2}$$

2) 読みはニュートン．アイザック・ニュートンにちなむ．

3) 読みはシグマ．高校数学では和を示すのに使われている大文字 Σ の小文字である．高校でも数学や物理などで幾つかのギリシャ文字を見たことがあるだろう．ギリシャ文字は記号として今後も頻繁に見かけるはずである．したがって，表 B.6 を見てギリシャ文字を覚えておくことを勧める．

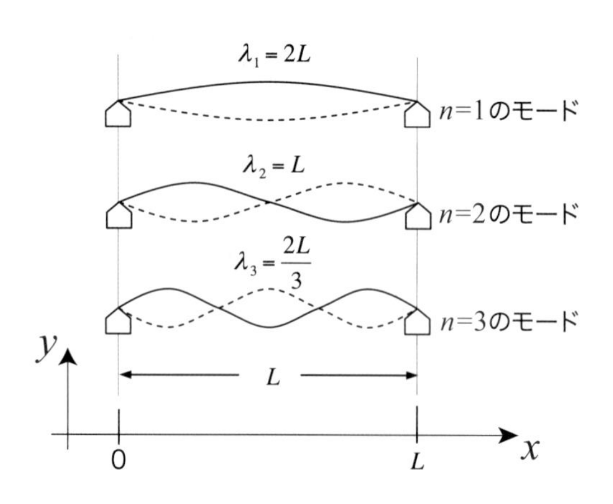

図 9.1 両端が固定された弦の振動を分解して表示した図．振動の“腹”（一番ゆれている場所）の数がモードの番号に対応している．λ は波長，L は固定端間の距離である．ここでは，$n = 3$ までのモードしか示していないが，実際に弦に生じる波はより高次のモードを含む複数のモードの重ね合わせになっている．なお，人が音の高さとして認識しているのは，モード $n = 1$ の周波数の波である．

ここで，A_n は波の振幅，L は弦の長さ，f_n は式 (9.1) の周波数，t は時刻である．一般に弦に発生する振動は $n = 1, 2, 3, \cdots$ という複数の振動要素が混ざったもので，振動要素の一つひとつを n で区別して**モード**と呼ぶ．$n = 1$ の振動は**基本振動**，$n \geq 2$ の整数倍の振動は**倍音**と呼ばれる[4]．図 9.1 は $n = 1, 2, 3$ のモードを示している．一つの弦にたくさんの振動モードが同時に混ざっていることを波の「重ね合わせ」と呼ぶ．

この式から $x = mL/n$ $(m = 1, \cdots, n-1)$ の位置は（$\sin \frac{n\pi}{L} x = 0$ を満たすので），定常波の振幅が常に 0 となる．これを振動の**節**と呼ぶ．たとえば，$n = 2$ のモードの場合，$x = L/2$ の場所で常に振幅 $y_2 = 0$，すなわち節となることがわかるだろう．

9.2.3 スペクトラム・アナライザ

前項で説明したように，基本振動にどのような割合で倍音が含まれているかが音色を決めている．入力した波形からどのような倍音（周波数成分）が含まれているかを解析し示す装置として，スペクトラム・アナライザ[5]がある．性能に応じて様々な価格帯[6]のスペクトラム・アナライザがあるが，人の可聴範囲の音についてはスマートフォンやタブレット，PC などのフリー・アプリケーションとして手に入れることができる．

図 9.2 は，ギターの波形をサンプリング[7]したものである．図 9.2 (a) は，ギターでオクターブ 2[8]の「ド」の音を鳴らしたときに波形（強度の時間変化）である．スペクトラム・アナライザを使い，その音の周波数成分の強度分布（デシベル[9]表示）を示しているのが図 9.2 (b) である．このスペクトラム・アナライザは，楽器のチューニングに使用できるアプリケーション n-Track Tuner[10]に含まれる機能を使ったものである．

チューナーは基本振動を探し出して，どの音階[11]に近いかを示してくれる．この例では，下向き三角で示された場所が基本振動の周波数であり，「ド」の音（記号では C）[12]にあたることを示している．基本振動の，2 倍，3 倍，$\cdots$ のように，この例では 10 倍程度までの倍音に対応するピークが見えている．強度に対応するのが，式 (9.2) の A_n である．

スペクトラム・アナライザで音を観測していると，音を鳴らした直後のスペクトル（強度分布）が時間の経過と共に変わっていくことが観測できる．これは音色が時間と共に変化していることを意味しているが，音色の変化を感じられるかどうかは人によって異なる．音の知覚に個人差があることは，多様性にも繋がり興味深い．

9.2.4 ギターの音階

ギターの基本調律を図 9.3 に示す．図 9.4 はギターの開放弦の音と各オクター

4) 普通，音の高さ（周波数）というときには，$n = 1$ の基本振動を指す．

5) 略して，スペアナ，と呼ばれる．

6) 測定機器として売られているものでは，数万円から数百万円程度．

7) これらのグラフは，キャプチャ機能を利用してアプリケーションの画面を得，その上に軸の目盛り，ラベル（数値），タイトルを追加している．

8) 1 オクターブ音階が上がると周波数は 2 倍になり，1 オクターブ下がると周波数は 1/2 になる．ピアノ鍵盤の真ん中にあるドの音がオクターブ 4 のドの音である．五線譜上では，図 9.4 の 4C と書いてある場所の音になる．

9) デシベルの記号は dB である．ある基準に対する比を底が 10 の常用対数を取ってものが B（読みはベル）で，それを 10 分の 1 にしたものが dB である．デシ (d) は，小学校で習ったデシ・リットルなどで使われているものと同じである．音圧の場合には基準が決められており，任意の相対値ではない．音圧の場合のデシベルの定義は自分で調べてみよう．

10) このアプリケーションは，iOS, android OS どちらにも供給されている．興味があれば，ダウンロードしてこの課題とは関係なく色々遊んでみてほしい．

11) いわゆる，ドレミファソラシ．

12) 音階の表現では，あるオクターブの間にある音を ド レ ミ ファ ソ ラ シ，と名前で呼ぶ場合とそれに対応する記号 C D E F G A B（それに対応した和名）を使う場合がある．それらの対応については，表 9.1 にまとめてある．ここで，なぜ記号の始まりとオクターブの境目が異なっているかが気になるだろうが，自分で調べてほしい．

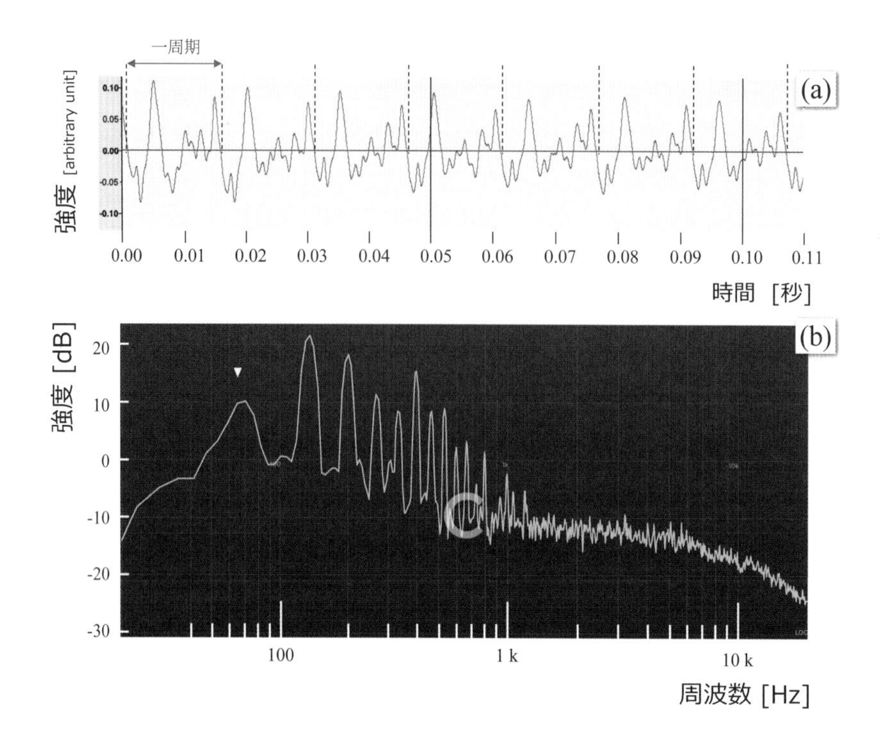

図 9.2　音の波形 (a) と周波数の強度分布 (b). どちらもギターでオクターブ 2 の「ド」の音 (65.4 Hz) を鳴らしたときの分布である. 図 (a) は, 横軸が時間（単位は秒）で縦軸が音の強度（大きさ, 単位は任意単位）を示している. 図中に表示した点線間を 1 周期とする波が繰り返されている. また, 0.10 秒間に約 6.5 周期あり, 1 秒間に約 65 周期あるということから周波数の定義（x [Hz] = 1 秒間に x 回の繰り返しがある）から, この波の波形の目測から約 65 [Hz] と求められ, 鳴らした音と概算で一致していることがわかる. 図 (b) は. 横軸が周波数（対数表示）で縦軸は音の強度（音圧レベル）をデシベル表示にしたものである. 基本振動と多くの倍音が確認できる.

ブの始まりのドの音を楽譜[13),14)] に示したものである. 通常の最低音は第 6 弦の開放弦ミ (2E) であり, 65.4 Hz のド (2C) より 3 度[15)] 上となる. 最も音の高い第 1 弦の開放弦の音はミ (4E) であり, 440 Hz のラ (4A) の 4 度下である.

13)　ト音記号で示された上部の高音部五線譜表とヘ音記号で示された下部の低音部五線譜表を合わせたものを大譜表という. 高音部の下第 1 線と低音部の上第 1 線は, 同じド (4C) の音を表す.

14)　楽譜の読み方は, 日本では義務教育で習っている. 復習のために説明する. 音がドからレミファソラシと上がっていく場合, ドの音が線上にあるとレの音は「ドの音のある線と, その 1 つ上の線との間」に書く. ミの音は, ドの上にある線の上に書く. つまり, 線と線の間隔の半分ずつ移動していく.

15)　同じ音同士を 1 度と呼ぶ. ドの音を基準としたとき, ドとレの音の高さの違いを “2 度”, ドとミの音の高さの違いを “3 度”, 以下 ファ, ソ, ラ, シ について, 4, 5, 6, 7 度という.

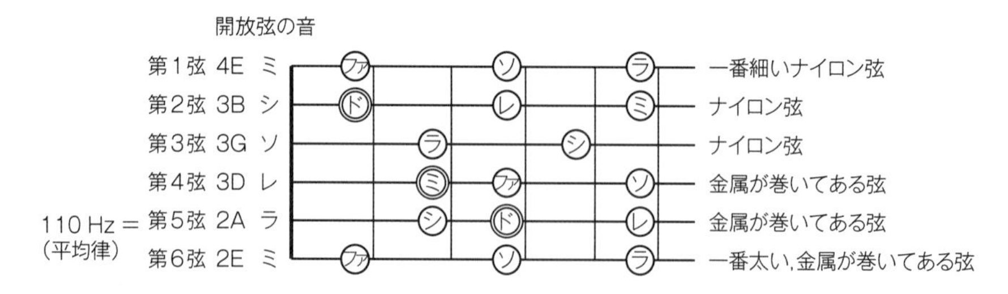

図 9.3　ギターの基本調律での各弦を開放弦として引いたときのオクターブと音の記号が示されている. ○で囲まれた音名はこの部分を押さえた場合に弦を弾いたときの音. ◎で囲まれた音名はドミソを押さえる位置（第 2 弦のド：人差し指, 第 4 弦のミ：中指, 第 5 弦のド：薬指）. ソはこの場合, 第 3 弦を押さえずそのまま弾く.

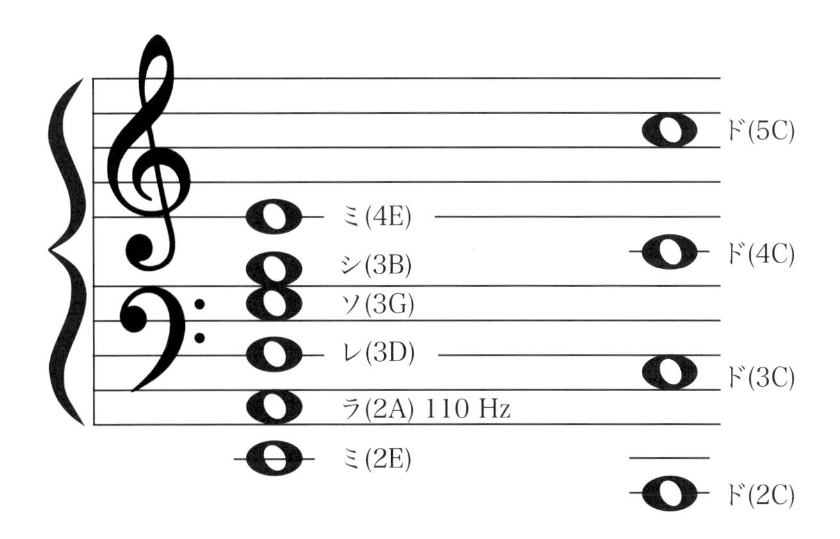

図 9.4 ギター各弦の開放弦（フレットを押さえないとき）を鳴らした音と，各オクターブでのドの音を全音符で五線譜に示した．基準となる音がオクターブ4でのラのとき，第5弦の開放弦での音の周波数は 110 Hz となる．上側の五線譜の左端にあるのはト音記号，下側の五線譜の左端にあるのはヘ音記号と呼ぶ．ト音記号の真ん中あたりで渦を巻いているところが書き始めで，上にいって戻って来た線が渦の中心と交差している場所にある五線譜の位置が「ソ (4G)」であることを示す．ヘ音記号は二つの黒点の間にある音が「ファ (3F)」になることを示している．なお，一般的にはト音記号がある五線譜とヘ音記号がある五線譜は離して書かれているが，ここでは連続的に楽譜が読めるように配置している．ト音記号もヘ音記号も一般的にはこの図に示してある場所に置いてあるが，記号の位置をもって音の場所を表すことを覚えておこう．つまり記号の位置は移動してもよいし，そもそも記号がなければどこにどの音があるか定義できない．五つの線はあくまでもガイドであるので，ト音記号など（音部記号と呼ぶ）がなく五線譜だけのものには意味がない．

国際的に広く用いられている**平均律**では，1 オクターブ（ドから次に高いドまでの間）を等比数列で 12 等分して音階を作っている[16]．1 オクターブ音が高くなると周波数は 2 倍となるから，平均律においては隣り合う音（半音）の周波数比は $2^{1/12}$ となる．オクターブの始まりはドの音であり，同じオクターブ内のシの次は，次のオクターブのドである．

音階（音律）は平均律だけではなく他にもいくつかあるが，この課題では実験 2 で平均律と純正律を比較する．**純正律**は，各音の周波数の比が整数比で表される音階である．12 個の音名と記号を表 9.1 にまとめた．平均律の場合には，表の中で同じ音でシャープとフラットの着いているものがあるが，この 2 つは同じ周波数になる．一方，純正律では一般にド$^\sharp$とレ$^\flat$などの周波数は異なる．図 9.3 と図 9.4 に示したアルファベットの前の数字はオクターブの違いを表わしている．図 9.3 に示すように第 5 弦の開放弦ラ (2A) の音は，国際的な約束で 110 Hz を標準としている[17]．

16) 1 オクターブの間にあるギターのフレット数やピアノの鍵盤数（白鍵＋黒鍵）を数えてみよう．

17) 実際には 2 オクターブ上のラ (4A = 440 Hz) が標準として採用されている．ただし，実際の演奏会などではこれと異なる周波数が採用されることが少なくない．また，ラモーなどのフランスバロック音楽では 392 Hz というフレンチピッチも用いられる．

表 9.1 オクターブに含まれる日本で一般的に使われている音名と対応する記号，和名．低い音から高い音の順番で左から右に並べてある．表中の音名で一つ右に行くと半音上がる．♯（シャープ）および“嬰”は半音1つ上がることを意味し，♭（フラット）および“変”は半音一つ下がることを意味する．ここで音名と呼んでいるのは，イタリア・フランス・スペインで使われている音名の表記である．記号とあるのは，イギリス・アメリカ・ドイツ式の表記になっている（ただし，ドイツ式ではBの代わりにHを用いる）．和名はABCDEFGをイロハニホヘトに当てはめたものであるが，音階を表現するときにはもはや使われていない．しかし，ト音記号やヘ音記号，ト長調やヘ短調などとして和名が使われている．

音名:	ド	ド♯ レ♭	レ	レ♯ ミ♭	ミ	ファ	ファ♯ ソ♭	ソ	ソ♯ ラ♭	ラ	ラ♯ シ♭	シ
記号:	C	$C^\sharp$ $D^\flat$	D	$D^\sharp$ $E^\flat$	E	F	$F^\sharp$ $G^\flat$	G	$G^\sharp$ $A^\flat$	A	$A^\sharp$ $B^\flat$	B
和名:	ハ	嬰（えい）ハ 変ニ	ニ	嬰ニ 変ホ	ホ	ヘ	嬰ヘ 変ト	ト	嬰ト 変イ	イ	嬰イ 変ロ	ロ

9.3 実験1 弦の振動

弦楽器であるギターを題材として自然法則（普遍性）について学ぶため，実験1では弦の長さや張力と音の高さ（周波数）の関係を調べる．長さや張力を変えたとき，音の高さはどのように変化するだろうか．

9.3.1 実験器具

実験1では，クラシックギター，巻き尺（メジャー），スペクトラム・アナライザを使う．なお，本実験のギターは右利き用である．左手でフレット（指板）を押さえ，右手で弦をつま弾く．

注意！

ギターはデリケートな楽器なので丁寧に扱う．使わないときは床や机の上に直に置いたりせず，ギタースタンドに置くこと．特に表面板は傷が付きやすい．

ギターは，図9.5に示すように大きく分けてボディとネックから構成されている．ボディは弦に生じた音を共鳴させるためのものである．ネックには，弦の張力を調整する糸巻き（ペグ）と弦が振動する長さを変えるためのフレットがある．

スペクトラム・アナライザは，App Store, Google Play などであらかじめスマートフォンやタブレット[18]にダウンロードしておこう．使うスペクトラム・アナライザは，図9.2で用いたn-Track Tunerであれば担当教員は使い方を説明できる．それ以外を使いたい場合には，授業が始まる前に自分で使い方をマスターしておいてほしい[19]．

[18]「令和4年通信利用動向調査/世帯構成員編」(総務省)によると，スマートフォン保有率は，15～19歳で91.2%，20～29歳で93.4%，である．この実験課題は二人一組で行う．仮に少なめの保有率として1割の学生が保有していないとして二人とも持っていない可能性は1%．つまり，少なくともどちらか一人がスマートフォンかタブレットを持っている確率は99%となる．少ない可能性であるがゼロではないので，実験ペア2人とも持っていない場合は，授業開始前に授業担当教員に申し出てほしい．実験ペアの組み合わせを変えるなどの対処を行う．

[19] 知らないものや使ったことのないものを教えることができる人はいない．

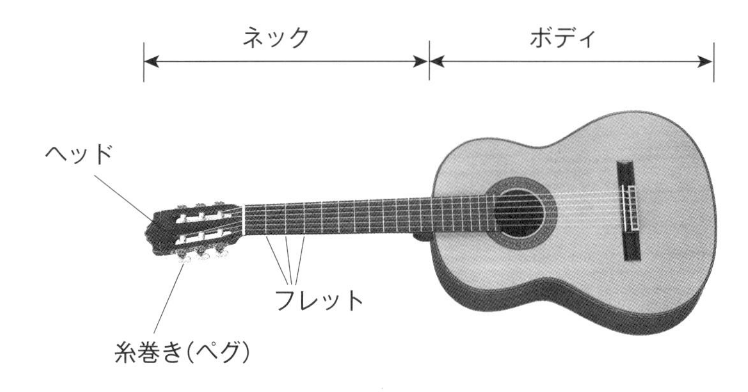

図 9.5 ギターの概略図．各部分の名称を示してある．

9.3.2 実験方法

実験1で行う5つの項目を以下に示す．なお，本文中に下線が引いてある箇所は，レポートの「結果」の章に記述が必要な箇所である．

1. 図9.6に示してあるように，ギターを演奏するときの標準的な持ち方をする．ギターの弦を指で弾き，弦全体の振動の様子を観察する．振動の様子は，図9.1を参考にノートに記録し，レポートにも図示する．第6弦（最も太い金属弦）を親指で弾くと，振動が大きくなるため観察しやすい．時間とともに振れ幅は小さくなるものの，弦全体がほぼ一定の形で振動する

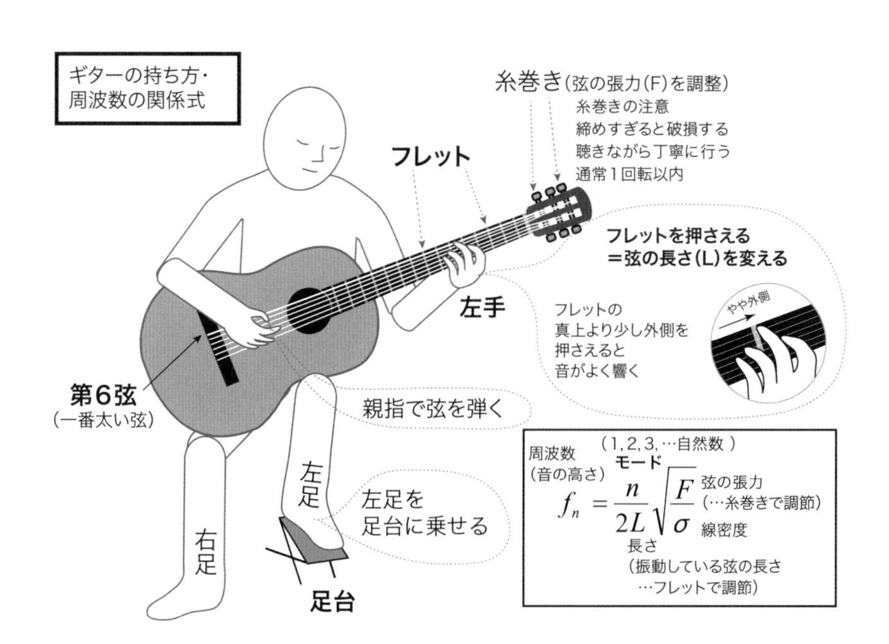

図 9.6 ギターの持ち方．音をよく響かせるために持ち方は最適化されている．ギターの音を鳴らすときは，この図にある持ち方に従うこと．また，演奏者は弦の張力を変えるときにはペグを巻きすぎて弦を切らないように注意すること．このとき演奏者以外は弦の長さよりも十分遠い場所に居るようにする．万が一弦が切れた場合，一番怖いのは切れた弦が目に入り失明することである．

様子が観察できるだろう．この波を「定常波」という．

2. 糸巻き（ペグ）を回すと，音の高さが変わることを確かめる（1回転以内）．張力（弦を引っ張る力）を変化させると，音の高さ（周波数）は上がるか下がるかを確認する．
3. ギターのフレット（図9.5参照）を左手の指で押さえ弾いてみる．弦を左手の指で押さえることで，実際に振動する弦の長さが変わり，音の高さが変化する．弦の長さを短くするようにフレットを押さえる場所を変えていくと，音の高さは上がるか下がるかを調べる．
4. 巻き尺（メジャー）で弦の長さ（弦長）を調べ，振動する部分の弦の長さが半分になるように指で押さえて弾いてみよ．そのとき生ずる音の高さと，同じ弦を指で押さえない（開放弦）で弾いたときの音の高さはどのような関係にあるか，2つの音を聞き比べて結果を記す．また，式(9.1)から，2つの音の周波数の関係を求める．
5. 弦の中央をはじいたときと，端を弾いたときとでは音の感じ（音色）が異なるだろう．どのように異なるか，自分の耳で確かめた結果を記す（自らの主観に基づく記述で構わない）．また，スペクトラム・アナライザを使い周波数の強度分布を比較する．目で確認するだけでなく，スクリーンショットの機能を使うなどとして分布を画像として残す[20]．

[20] たくさんの画像を残していくと，記録した画像がどのような条件で実験したかをあとで思い出すことはほぼ不可能である．そのような事態を避けるために，画像を記録する前にどのような条件で行った実験であるかをノートに記録し，実験を行った日時をノートに記録することが重要である．

9.3.3　考察

ここで調べた弦の張力，長さと音の高さの関係（実験手順の2〜4の項目）は，式(9.1)を満たすことがこれまでの研究で知られている．この式は，ここまで実験で調べた結果を矛盾なく説明するだろうか．実験結果と式(9.1)を具体的に比較し定性的に議論せよ．

音色と波に含まれる倍音成分（振動モード）の関係について，実験結果から自由に議論せよ．この課題の1週目（表の回）では，実験手順で示した5番目の項目でこの考察に関連するギターを用いた実験を行っている．

さらに考察を深めるために，2週目（裏の回）までに自分で様々な楽器を鳴らして[21] スペクトラム・アナライザで観測しておこう．2週目では，レポートで考察の章に記述する内容の元になるように，スペクトラム・アナライザで観測した結果と音色の関係について複数のグループに分かれて議論をしてもらう．

[21] 実際には，自分で楽器を持っている人はそんなに多くないだろう．Youtubeなどの動画共有サイトを探せば，様々な楽器の音源が見つかるであろう．自分で積極的に情報収集をしてほしい．

9.3.4　実験1と実験2のつながり

実験1で学んだ振動モードは，国を超えた音楽の普遍性と同時に，楽器の持つ多様な音色や民族による音階の違いを理解する基礎になる．そこで次の実験2では，音階や音色と振動モードの関係をより深く理解するためにギターを使った実験を通して音楽にひそむ普遍性と多様性を見ていこう．

9.4 実験 2 音楽と科学

9.4.1 実験器具

実験 2 では，クラシックギター，巻き尺，楽器調律用チューナー，関数電卓を使う．チューナーはこの実験用に用意してあるチューナー[22]（図 9.7）を用いる（実験 1 で使ったアプリにチューナー機能があってもそれは使わない）．

関数電卓は，平均律での音の周波数を計算するために用いる．各グループに一つずつ関数電卓を用意しているが，べき乗が計算できるのであればスマートフォンの関数電卓アプリでも構わないし，google の検索機能などウェブで調べても構わない．

22) 一般的なマイクは空気の振動を通して伝わった音を拾う．一方，この実験でチューナーを使うときには，楽器の筐体の振動がこのチューナーの筐体に伝わり内部にあるピエゾ素子を使って音を拾うようにする．そのため，このチューナーは楽器の筐体に取り付ける．

9.4.2 実験方法

実験 2 は下記の手順で進めていく．

1. 弦のチューニング
2. 共鳴現象によるチューニングの確認
3. ハーモニクス奏法によるモードの選択
   (a) 弦に触れる位置と振動モード
   (b) 弦の振動に含まれるモード
   (c) 弦を弾く位置と振動モード
4. 純正律と平均律との比較
   (a) ハーモニクス奏法でつくる音階

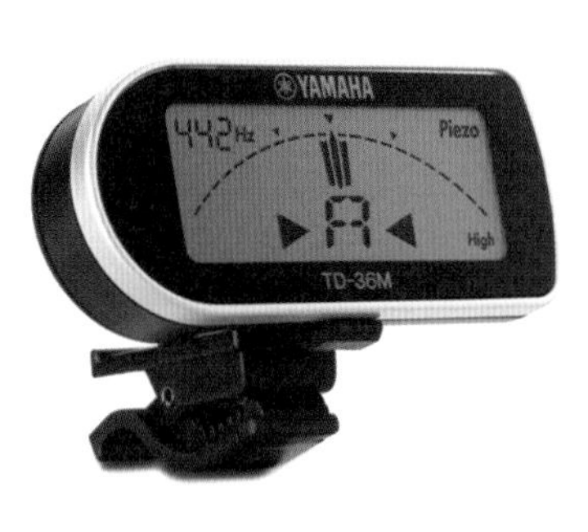

図 9.7　ギターのチューニングに使う YAMAHA TD-36M（左）と MORRIS CT-1（右）の外観．液晶画面の左上には，基準となる A の周波数が示されている．この例では 442 Hz であるが，440 Hz に合わせて使用する．右上の Piezo は音の入力にピエゾ素子を使っていることを示す．下側中心に表示される音名の記号は，弾いている音に近いとチューナーが推測した音である．弾いている音が推測したよりも高いと，音名の上にあるメータが右側（High と表記された側）に振れる．低いときは左側に振れる．ちょうど合っていれば，この写真の様にメータが中央に来て，音名の左右に内向きの三角形が 2 つ表示される．なお，オクターブの数字は表示されない（それぞれのメイカーのウエブページ (a),(b) から写真を引用（2022 年 9 月閲覧））[23]．

23) (a) https://jp.yamaha.com/products/musical_instruments/winds/accessories/tuners/td-36ms/features.html

(b) https://www.morris-guitar.com/accessory/accessory_tuner.html

(b) 純正律と平均律の定量的な比較
(c) 耳による純正律と平均律の比較

以下にそれぞれの項目について詳しい説明を行う．なお，本文中に下線が引いてある箇所は，実験1と同様に自分の実験ノートに記録するだけではなくレポートの「結果」の章に記述が必要な箇所である．

実験2は項目が多いため，レポートの「考察」の章で議論すべき場所には，二重下線が引いてわかりやすいようにしている．考察はレポートを書く段階になって考えるのではなく，授業中に考えて教員・TAの意見を聞くこと．考察した内容について，ノートへの記録を行う．

(1) 弦のチューニング（調弦）

楽器用チューナーを用いてギターの弦の調弦（チューニング）を行う．開放弦（フレットを指で押さえていない状態の弦）の音について，YAMAHA TD-36M もしくは MORRIS CT-1 を使い，以下の手順に従う．

1. チューナーのクリップでギターのヘッド（糸巻きのついた部分）を挟む．
2. チューナー裏側の STANDBY/ON スイッチを押して液晶画面を表示させる．
3. 液晶画面の左側に“440Hz”と“Piezo”という表示があることを確かめる．違っていた場合には，教員や TA に申し出て設定を変えてもらう．
4. 第1弦から第6弦までのチューニングを順に行う．目的とする弦を（左手の指で弦を押さえずに）弾き，図 9.3 の対応する音名（A, B, D, E または G）が表示されると同時に，チューナーの針が中央に来るよう糸巻き（ペグ）を調節する．

注意！

糸巻き（ペグ）は何回転も回してはいけない．締めすぎると，弦が切れてケガする可能性がある！チューナー（機械）だけに頼らず，図 9.3 の基本調律を参考に，音の高さを自分の耳で確かめながら糸巻きを締める．オクターブの確認は，ピアノで鳴らした音と比較してみよう．わからないときは，友人や TA・教員に尋ねること．

5. 調弦が終わったらチューナーを外し，電源を OFF にする．
6. 図 9.3 を参考にして各弦がド・ミ・ソとなる位置を指でしっかりと押さえ，同時に弾いてみよう．きれいな**和音**が聞こえるだろうか？

(2) 共鳴現象によるチューニングの確認

1. 第6弦の5フレット目[24] だけを指で押さえてラの音を出し[25]，第5弦（の開放弦）と共鳴することを確かめ，振動の様子を観察する．チューニングが成功していれば，うまく共鳴するはずである．図 9.6 の『ギターの

[24] 開放弦から半音5つ分高い音が出る．押さえる場所は図 9.3 で確認する．

[25] 図 9.3 の音名を丸で囲んだ場所（フレットの少し手前（図では左側））を押さえることで，弦はフレットに押しつけられて固定端が形成される．

持ち方』に従い，弾いた本人が観察すると共鳴の様子がよく見える．

2. 左指で第5弦の7フレット目（ミの音）を押さえ，強めに弾く．このとき共鳴によって第6弦に生じる振動を観察し，スケッチする．どのような振動が生じているか，節や腹の位置はどこかを調べる．目で見る以外に節と腹の位置を確かめるにはどうしたらよいか，工夫した点をノートに記録する．第6弦で観察される振動モードは，図9.1のどれか？ どのように振動モードを同定したか，思考を説明すると共に，その振動モードは何か“n”の値で答える．

本実験ではチューニングに，平均律に基づく楽器用チューナーを用いているが，一般には様々な方法がある．

- 音叉などから生じる基準音を用いて，特定の弦（たとえば第5弦）を合わせ，そのあと前後の弦を相対的に合わせていく．たとえば，第5弦の5フレット目のレの音は，第4弦の開放弦と同じ音である．
- 次に述べるハーモニクス奏法で作られる音を応用する．

(3) ハーモニクス奏法によるモードの選択

弦楽器の奏法の一つに**ハーモニクス**（harmonics = 倍音）**奏法**[26] と呼ばれるものがある．以降の実験のため，この奏法を習得する．

図9.8に従って，コツを覚えよう．うまくいかない場合は，教員やTAに見本を見せてもらうのがよい．

26) バイオリンの奏法では，フラジオレットと呼ぶ．フラジオレットという縦笛があり，その名に由来している．

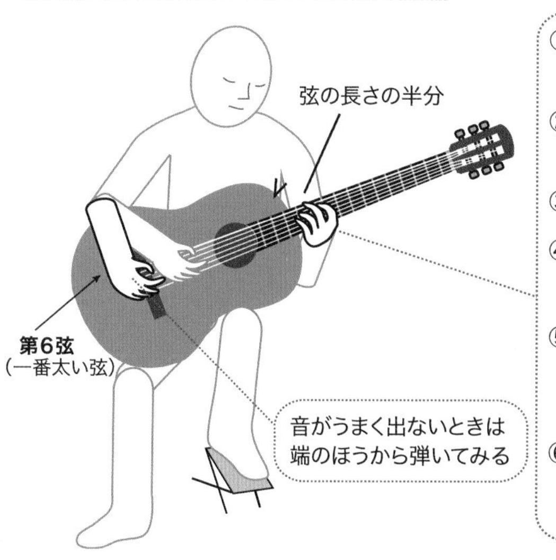

図9.8 ハーモニクス奏法の弾き方の説明した図．図中の右側にある囲みの中にある手順で練習し，この奏法を習得しよう．

(3a) 弦に触れる位置と振動モード

ハーモニクス奏法は，物理的には図 9.1 で特定のモード (n) だけを選択する操作に対応する．左手の指は，弦振動の「節」を作る目的で触れている（節とならない振動モードは減衰するため，結果として特定のモードだけが残る）．

1. 弦長の 1/2 の位置に触れた場合のハーモニクス奏法を行い，弦が節の左右両側で（弾いた側の反対側も）振動していることを目で確かめる．このとき弦に生じている振動モードのnの値はいくつか．振動モードnと，フレット上の指の位置を含めた弦全体の振動の様子（絵）の両方で答える．
   - 振動が大きく見える第 6 弦（一番音の低い弦）を用いるとわかりやすい．
2. 弦長の 1/3, 1/4, 1/5, 1/6 の位置に触れて弾いたハーモニクス奏法で生じる振動はどのようなものか？ それぞれの場合の振動モードを，これまでの実験を基に予想し，nの値で答える．
3. これ以外に指で触れることでハーモニクス奏法が可能となる場所があるか？実際にギターで試し，その位置を記録する（たとえば，1/5 の位置に触れて生じるハーモニクス音と同じ音を生じる場所が，同じ弦の他の場所にもある）．

(3b) 弦の振動に含まれるモード

ハーモニクス奏法を応用し，弦に生じる振動が複数の単純な振動（図 9.1 の一つひとつの振動モード）が組合わされたもの（波の重ね合わせの原理）であることを確かめる．

1. 左手の指を弦から離してギターの弦を弾く（開放弦）．
2. その少しだけ後，先ほどハーモニクス奏法でクリアーな音が出た場所に左手の指で静かに軽く触れてみる．音量は小さくても，ハーモニクス奏法で響いたのと同じ響きがするはずである．
3. 弦長の 1/2 の位置でうまくできるようになったら，他の場所でも試してみよ．

この実験は，1 本の弦に生じている複数の振動モード ($n = 1, 2, 3, \cdots$) から，左手の指が「節」を作ることで，特定の振動（モード）を選択的に残していることになる（フィルター操作）．この素朴な実験から，1 つの弦の中に多種類の振動モードが同時に生じていることが理解できる．

特殊な装置を使わなくても “科学” はできることを強調したい．管楽器奏者などはこの仕組みを巧みに操り，音を変えている．

この手順により，ギターの一つの弦の中に，複数の振動が同時に含まれていることがわかる[27]．この性質が，ギターの音色の豊かさや自然発生的に音階が生ずる原理と直接関係している．

[27] このような性質を数理的に議論する手法をフーリエ解析と呼ぶ．（自然）現象が先にあってこの理論が生まれた．

(3c) 弦を弾く位置と振動モード

これまでの知見から，ハーモニクス奏法を行うときに弦を右手で弾く位置によっては音が出ない場所があることが予想される．それがどこであるかを，実際に実験を行って確かめる．

1. 左手で弦に触れる場所を弦長のヘッド側から 1/3 または 1/4 の，ハーモニクス奏法でクリアーな音が出る場所に固定する．
2. 右手で弦を弾く位置を変化させ，音が出なくなる場所と最も大きな音が出る場所を探す．
3. 図 9.1 を参考にして，弦の振動の様子をノートに記録し，それぞれの場合の右手と左手の指の位置を図示し，音が出なくなる理由を考察せよ．

このような特定の場所で音が生じなくなることを避けるために，弦楽器奏者がハーモニクス奏法を行うときには経験的に弦の端に近いところを弾いている[28)]．

[28)] 周りに，交響楽部やマンドリン楽部の部員など弦楽器奏者がいれば尋ねてみよう．あるいは，機会があれば演奏会で観察してみよう．別の方法としては，動画共有サイトで演奏している動画が見つかるかもしれない．

(4) 純正律と平均律との比較

音階成立の原理を知るため，1 つの弦に同時に生じている音（倍音）を調べよう．

(4a) ハーモニクス奏法でつくる音階

1. 糸巻き（ペグ）を左に見て，一番手前の弦（第 6 弦．ミ (2E) の音がする一番低い音の弦）をさらにゆるめて，ミより 3 度低い音，ド (2C) に調弦しなおす．
2. 時間の経過とともに調弦した音の高さは変化するので，他の 5 本の弦を再度調弦する（第 1 弦〜第 5 弦は図 9.3 の調律を変更しない）．
3. もう一度第 6 弦に戻り，ドに正確に調弦されているか確かめる．
4. 先ほど覚えたハーモニクス奏法を，開放弦がド (2C) に調律された第 6 弦で行ってみる．式 (9.1) の $n = 2, 3, 4, 5, 6$ の振動（倍音）を弦長の 1/2, 1/3, $\cdots$, 1/6 の位置に触れるハーモニクス奏法で作る．
5. 第 6 弦のハーモニクス奏法で作られた振動の「音の高さ（音名）」を，次のいずれかの方法で調べる．

   (a) 第 1 弦から第 5 弦までを使った普通の奏法[29)] で生じる音と比較する（弾き比べる／聞き比べる）（図 9.3 を参照）．
   (b) チューナーで音の高さを調べる．
   (c) 実験室にあるピアノを利用し，音の高さを調べる．

   $n = 1$のドとあわせて，$n = 6$の音までの 6 個の音階の音名を（ド レ ミ $\cdots$ およびオクターブの数字と音の記号を用いて）列挙し，記録する．図 9.9 に示した楽譜を Sample の文字を除いてノートに写し，音階の場所

[29)] 左手の指で弦をしっかりとギターの板に押し付けて弾く奏法．軽く触れるだけのハーモニクス奏法とは異なる．

図 9.9　五線譜の例．この図を参考にノートに五線譜を書き，基本振動の 2C の音と倍音系列（$n=2$ から $n=6$ の倍音（モード）の音をノートに記録せよ（この図は見本であり，教科書に音符を書き込んではいけない）．また，レポートにも図として載せる．五線譜だけでは意味がなく，ト音記号やヘ音記号がないと音の高さが表せないことを忘れないように．

を図 9.4 を参考にして楽譜上に記入する．

6. ハーモニクス奏法で作った 6 個の音を同時に鳴らすと，ある性質が見つかる．どのような性質か，　音楽用語を用いて述べよ[30]．

[30] ギター一つで 6 個の音を同時に鳴らすのは無理だが，ピアノであればできる．ピアノで弾いてみよう．わからない場合には，9.4.2 項の「1. 弦のチューニング（調弦）」を読み返そう．中学校までで習う誰でも知っている音楽用語である．

このように，たった 1 つの音の倍音系列の中にも，音階や音楽の基本要素が自然と含まれていることがわかる．これは決して“偶然”などではない．ここで観察した音の性質は，両端を固定した弦一般に成り立つから，ギターという楽器の特殊性とは関係がない．管楽器でも同様の性質が成り立つ．

したがって，この実験結果は，音階というものが，音の物理的な性質（自然法則）から自然発生的に生じたことを強く示唆する．すなわち，音階を構成する基本音は自然発生的に，主音（長調の場合「ド」）に対して，その倍音から生じると考えることができる．この場合，音階内の 2 つの音の音程（周波数の比）は有理数比となる（式 (9.1) を参照）．本テキストではこれ以降，自然発生的に生じた音階を「**自然音階**」と呼ぶことにする．

表 9.2　自然音階と平均律を定量的に比較した表のフォーマット．65.4 Hz をオクターブ 2 の「ド」にしたときの自然音階（ $n=6$ まで）の周波数と，対応する平均律での周波数，それらの比を表としてノートに記録する．また，周波数を計算するときは 9.9 節を参考にし，有効数字をきちんと考えること．

モード n	音名	自然音階（倍音）[Hz]	平均律 [Hz]	周波数比（平均律/自然音階）
1	ド (2C)	65.4	65.4	1.00
2 3 4 5 6	この列には，音名に続き括弧の中にオクターブの数字と音の記号を書く	この列では，倍音の定義（式 (9.1)）に基づき周波数を計算し記入する	この列では，平均律の定義：半音上がると周波数が $2^{1/12}$ 倍，から周波数を計算し記入する	この列では，2 つの周波数の比を計算する．有効数字を考えて各行ごとに桁数を決定する

(4b)　純正律と平均律の定量的な比較

(i) 2 つの音階（自然音階と平均律）

基本となる音に対して整数（あるいは一般に有理数）比を持つ系列として作られる音階を自然音階と呼んだ．これに対して，西洋近代音楽で多用される音階である「平均律」では，1 オクターブが“12 等分”されている．したがって，2 つの隣接する半音の周波数比は $2^{1/12}$ になる．$2^{N/12}$（N は自然数）は特定の N を除いて一般に無理数である．2 つの音階の比較を表 9.2 を作成して行う．この表では，実験に用いたド (2C = 65.4 Hz) の音を基準としている．まず，実験により決定したド (2C) の倍音（$n = 6$ まで）の音名を記入する．次に，ドの倍音の周波数と，（同じ音名の）平均律における周波数を計算して記入する[31]それら2種類の周波数にどのような違いが見出されるだろうか？ 定量的に議論する[32]．

(ii) 平均律で調律された楽器では，和音を弾いたときに音が「濁る（きれいに響かない)」といわれる．その理由を上の設問と合わせて推察する．

(iii) ギターを弾く右手の指の位置を変えると，音の高さは同じでも音色が変化する．その理由をこれまでの知見に基づいて考察する．音色はその音に含まれる成分（倍音，すなわち振動モード）の割合によって変化することがわかっている[33]．考察のための実験も有用である．

31) 平均律の場合でも最低音のドは 65.4 Hz に一致させて計算する．半音の数やオクターブの違いに注意すること．

32) 吹奏楽，合唱，オーケストラなどの経験者は，合奏で和音を作る際の音程の留意点を思い出そう．

33) 倍音，振動モードの含まれる割合を定量的に議論するために，フーリエ解析が用いられる．9.8 節参照．

Ⅳ　科学と文化

(4c)　耳による純正律と平均律の比較

表 9.2 で明らかになる自然音階と平均律の違いは，ギターでも直接確認ができる．自然音階と平均律双方のミ (4E) を，以下の方法で同時に鳴らしてみよう（技術的に難しい場合は，教員や TA に補助を依頼してよい)．

(i) 第 6 弦をド (2C) に，第 1 弦をミ (4E) に再調弦する（正確に！)．
(ii) チューナーをギターから外す．
(iii) 第 6 弦で 5 倍音 ($n = 5$) のハーモニクスを弾く【自然音階のミ】．
(iv) ギター（平均律楽器）の通常奏法（第 1 弦の開放弦）で，上と同じ音名（ミ）を弾く【平均律のミ】．

(iii) と (iv) の動作を連続して速やかに行い，2 つの音を同時に響かせる．2つの音の高さが一致しているかどうか，耳で確認する[34]．

一致しない場合は，第 1 弦をどのように調律すれば一致するだろうか？ 音を高くするべきか，低くするべきか，表 9.2 の計算結果から理論的に予想をする．

最後に，第 1 弦の調律（音の高さ）を少しずつ変えて上記 3 と 4 の（ほぼ）同時操作を繰り返し，この理論的予想を検証する．2 つの音の高さが一致したとき，第1弦の音の高さは，当初調律されていた平均律のミに比べ，どのように変化しただろうか．チューナーを用いて確認してみる（チューナーの音の高さは平均律を基準としている点に留意)．理論的予想は正しかっただろうか？

34) 相対的な音感は多くの人にあるため，高いか低いかは人の耳でもわかることが多い．しかし個人差もあるので，確信が持てない場合にはチューナーに頼ろう．

9.4.3　追加実験：ピアノの倍音

1 週目においてギターを使った実験が終わったあと時間があれば，ピアノを使って以下のことについて確認しよう．倍音と音色の関係を理解が深まるはずである．

グランドピアノに 3 本あるペダルの右側を踏むと，ピアノは開放弦の集まりになる．表 9.2 の $n=1$ に対応する鍵盤を弾くと，$n=2,3,4,\cdots$ に対応する弦が共鳴する．右ペダルを使うと，たくさんの倍音が同時に，それぞれ複数の弦に共鳴を起こすので，解析は難しい．共鳴の様子をより具体的に確かめるためには，右ペダルではなく，中央のペダルを使うと便利である．

共鳴が予想される鍵盤（$n=2,3,4,\cdots$ に対応する音）をあらかじめ静かに弾き，鍵盤を離す前に中央ペダルを踏み込む．そのペダルを踏み込んだまま鍵盤から指を離し，（ペダルを踏んだまま）$n=1$ に対応する音（鍵盤）を強く弾いてみよう．ペダルを踏んだまま，$n=1$ に対応する鍵盤から指を離すと，共鳴音だけが聞こえる．

この方法により，ギターでは確認が難しい $n=7$ 以上の高次倍音を確かめることができる．たとえば $n=8$（3 オクターブ上のド），$n=9$（3 オクターブ上のレ），$n=10$（3 オクターブ上のミ）の倍音も，共鳴を通して容易に確認できる．楽器はこれらの倍音を巧みに利用し，多様な音色を作っているのである．

実験室には，ヴァイオリンやトロンボーン，トランペット，琴なども用意してある．それらの楽器も適宜利用してよい．

実験終了後の注意！

次回実験する人のため，ギターの第 6 弦をミ（4E）に戻す．その後 6 つの弦の張力を少し弱めておく．弦や筐体についた汗などの汚れをクロスで拭き取ってからケースにしまう．

9.4.4　考察

(1)　実験 2 の考察

9.4.2 項で二重下線が引いてある事項を，レポートの考察の章で議論する．説明と共に考察の推移がわかるように書くこと．レポートは報告書であり，それだけを読んで，「目的は何か」，「どうやって実験を行ったか」，「何が行われて」，「どういう結果が得られて」，「どう考察したか」がわかるようにする．レポートは解答用紙ではないことを，認識すること．

9.5　2週目で行う議論

下記の5つの項目すべてについて，2週目ではグループ・ディスカッションを行う．したがって，2週目が始まるまでに考えたり調べたりしておこう．

1. 実験1では，ギターの音をスペクトラム・アナライザーを使って「見た」．この課題9実験1の9.3.3項で宿題として出している楽器の音のスペクトラムを元にして，様々な楽器の音色と倍音の含まれ方との関係について傾向を考えよう．正解を求めているのではなく，実験データからどのように考察するかを問う．
2. 音階の最小の単位である半音は，平均率の場合1オクターブを12等分したときの隣接した2音の関係（音程）である．なぜ音階の最小単位が，1オクターブの12分の1程度[35]になったのだろうか？人間が音を知覚する生理学的原理と合わせて推察し議論せよ．
3. ハーモニクス奏法で弦に触れる指の位置はフレットのほぼ直上となる．しかし，弦長の1/5でのハーモニクスを行うときはフレットの直上に触れるとうまく音が出ない．なぜか？
4. 近代西洋音楽の平均律は，その音階の定義から明らかなように数学理論があって初めて存在する．平均律の長所，短所を自然音階の長所，短所と比較することにより明らかにせよ．西洋音楽が，その短所の存在を知りながら“敢えて”平均律を採用したのにはそれなりの理由があると考えられる．平均律が採用された理由を自由に推察してみよう．様々な意見が出て来るだろう．
5. その民族の文化的・思想的背景や日本の伝統楽器との比較も興味深い．しかしながら，西洋近代音楽は，常に平均律を採用しているわけではない．楽器による差異もあるし，あえて平均律から逸脱することもある．この点についても，具体例を探し，自由に考察してみよう．

[35] 西洋近代音楽に限らず，他の多くの民族においても，半音程度の音程が最小単位となっている．

レポートには，2週目に行ったグループ・ディスカッションの結果を実験2の考察の章に続けて書く．また，議論をしたグループの名前をノートに記録し，2週目の考察をレポートに記述するときに，最初にメンバーリストを書くこと．

2週目での議論の結果は，（グループごとに異なるだろうが）1つのグループの中では同じ結果をレポート書くことになる．2週目でのグループは，1週目のペアを複数集めたグループとするが，当日組み合わせを決める．教員がレポートを読むときに，レポートの著者がどのグループに居たか確認するため，メンバーリストを忘れず書く．

9.6 「文化と科学」の関係についての考察

実験 1 と実験 2，そして 2 週目での議論の章立てとは別に，1 週目の実験結果と 2 週目での議論を踏まえ，この実験テーマの核となる以下のことについて各自考察せよ．

- 本課題の冒頭にある「はじめに」を読み，実験で得た知見と照らし合わせ，「文化と科学」の関係について，必要に応じて課題 9，課題 10 の参考文献を参照しながら考察する．文化の普遍性と科学の普遍性の関係ばかりでなく，文化の多様性と科学の関係についても，幅広い観点から考察すること．なお，この実験の内容や音楽にこだわる必要はない．

9.7 レポートの構成

レポートに書くべき内容は，オリエンテーションで説明されている．また，このテキストでは 0.1.1 項で説明されている．しかし各課題の性質によって，レポートの細かな構成（各課題の複数の実験を別々にするのか，まとめて書くのか）は異なるであろう．

この課題では，右に示した構成を推奨する．なぜなら，実験 1 を行い考えたことわかったことを踏まえて，実験 2 が行われているからである．また，この構造であれば 2 週目が始まる日までに実験 1 と 2 の考察までレポートを書いておくことができる．

- 目的
- 原理
- 実験 1
  - ・方法
  - ・結果
  - ・考察
- 実験 2
  - ・方法
  - ・結果
  - ・考察
- 裏の回で行った議論
- 「文化と科学」の関係についての考察
- 結論
- 参考文献

参考文献はリストにし，各文献の前に番号を振る．本文中で文章などを引用してその引用元を示したり，文献に載っている事象を自分の考察の元としたりしたときに，どの文献を参考ししているかを必ず本文中で示す．このとき，参考文献に番号が振ってあればその番号を示せばよい．具体的な例は，巻頭にある 0.1.2 項の小節に載っている．

なお，参考文献にこの自然科学総合実験のテキストは含めない．何も参考していないのなら参考文献リストはなくて構わないが，教科書だけでは十分な考察はできないであろう．自分が参考にした文献をまとめたものが参考文献リストで，参考にするものは参考文献に挙げている図書である必要はない．

与えられたことをするだけでは，大学での学びとはいえない．自分から調べ考えることが，大学生には求められている．高校と大学での学習の違いに疑問が浮かんだら，まえがき「ようこそ自然科学総合実験へ」を読み返そう．

9.8 発展：フーリエ級数展開，倍音と音色

本実験では，弦の振動が複数のモード（倍音）の重ね合わせになっていることを確かめた．周期的に繰り返す波はどのような波形でも三角関数の重ね合わせ（正確にいうと無限級数）で書け，現在ではフーリエ級数展開として知られている．フーリエ級数展開は物理的・数学的に意義があるだけではなく，現在工学や情報科学分野で様々に応用されている．

9.8.1 フーリエ級数展開

数学的証明は別に譲る[36] として，ここではどのように書けるかについて簡単に紹介する．

今簡単のため，変数 t が範囲 $[-\pi, \pi]$ で一周期となる関数を考える[37), 38)]．今考えている関数（たとえば楽器の出す音など）を，$f(t)$ としたときに

$$f(t) = \frac{a_0}{2} + \sum_{k=1}^{\infty}\Big(a_k \cos(kt) + b_k \sin(kt)\Big) \tag{9.3}$$

と表される[39]．係数 a_k と b_k は，以下の計算で得ることができる．

$$a_k = \frac{1}{\pi}\int_{-\pi}^{\pi} f(\tau)\,\cos(k\tau)\,d\tau \tag{9.4}$$

$$b_k = \frac{1}{\pi}\int_{-\pi}^{\pi} f(\tau)\,\sin(k\tau)\,d\tau \tag{9.5}$$

ここで，$k = 1, 2, 3. \cdots, \infty$ である．

$f(t)$ が偶関数[40] なら．a_k を含む項だけで展開できる．また，$f(t)$ が奇関数[41] の場合は，b_k を含む項だけで展開できる．

9.8.2 展開の例：どこまで再現できるか

フーリエ級数展開が元の関数と一致するのは，式 (9.3) で $k = \infty$ まで足しあげたときである．コサイン波とサイン波の重ね合わせで元の関数を再現しようとしても，現実世界では無限大の周波数は作れないため限界がある．

一方，人間の耳には聞こえる周波数の上限が[42] ある．そのため波形を完全に再現できなくても，人の耳は近似した波形でも元の波形と同じように感じる．

[36] 理学部物理系や工学部の学生であれば，何らかの授業で習うはずである．また，フーリエ級数に関しては様々な教科書がある．

[37] この範囲の外でも，2π で繰り返すものと考えればよい．なお，今 t が時間の次元を持っているとすると，t の前に [角度/時間] の次元をもった定数 1 が掛かっていると考える．

[38] 繰り返しの周期が $\pm\pi$ でない場合は以下のように考える。中心がずれている場合，範囲の中心が $t = 0$ に成るよう平行移動すればよい．平行移動した後に周期が $\pm P$ だとすると，T の関数として $t = (\pi/P)T$ と変数変換をすれば一般的に扱える．

[39] ここで，b_0 がなぜないのか気になるだろうが，b_k の定義式に $k = 0$ を代入すれば意味がわかるだろう．

[40] t を横軸にとり，関数の値 $(f(t))$ を縦軸にとってグラフに描いたときに，縦軸に対して線対称になっているもの．$f(-t) = f(t)$ が任意の t で常に成立しているものである．

[41] t を横軸にとり，関数の値 $(f(t))$ を縦軸にとってグラフに描いたときに，原点に対して点対称になっているもの．$f(-t) = -f(t)$ が任意の t で常に成立しているものである．

[42] 上限には個人差がある．また加齢による聴覚の衰えで，年を経ると聞こえる周波数の上限が下がっていく（高音が聞き取れなくなる）．

Ⅳ 科学と文化

フーリエ級数展開で，次数（式 (9.3) の k）をどこまで取るかによってどの程度元の波形を再現できるかグラフで見てみよう．具体的な例として，図 9.10 にあるような波形[43]について計算してみる．

43) ノコギリ波と呼ばれる．

この波形は，範囲 $[-\pi, \pi]$ の間で，$f(\tau) = \tau$ であり，奇関数なので式 (9.3) のサインの部分だけを考えればよい．係数 b_k は，

$$\begin{aligned} b_k &= \frac{1}{\pi}\int_{-\pi}^{\pi} \tau\,\sin(k\tau)\,d\tau \\ &= \frac{1}{\pi}\left([-\frac{1}{k}\tau\,\cos(k\tau)]_{-\pi}^{\pi} + \frac{1}{k}\int_{-\pi}^{\pi}\cos(k\tau)d\tau\right) \\ &= \frac{1}{\pi}\left(-2\frac{\pi}{k}\cos(k\pi) + \frac{1}{k}[\frac{1}{k}\sin(k\tau)]_{-\pi}^{\pi}\right) \\ &= -\frac{2}{k}\cos(k\pi) \end{aligned} \tag{9.6}$$

k が奇数なら $\cos(k\pi)$ は-1，k が偶数なら $\cos(k\pi)$ は 1 なので，

$$b_k = (-1)^{k-1}\frac{2}{k}$$

となる．$k = 100$ までの b_k の値を図 9.11 に示した．

係数が求められたので，適当な次数で近似した結果を見てみる．図 9.12 に，$k = 6$ までで近似したものを示した．図 9.13 には，元の波形と近似したものと

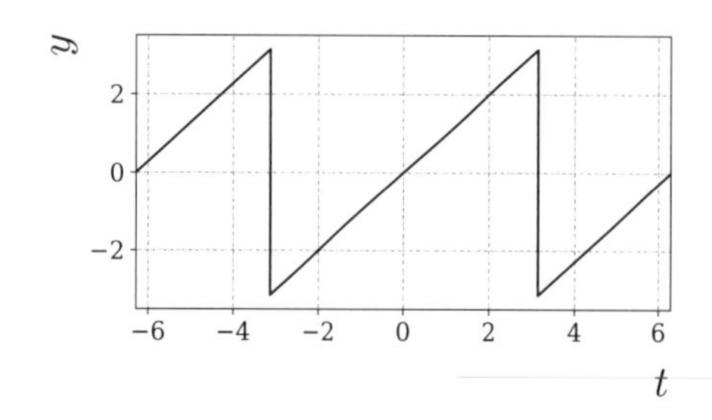

図 9.10　ノコギリ波の例．横軸 t が $[-\pi, \pi]$ の範囲で，$f(t) = t$ となり，周期 2π で形が繰り返す，簡単な例である．

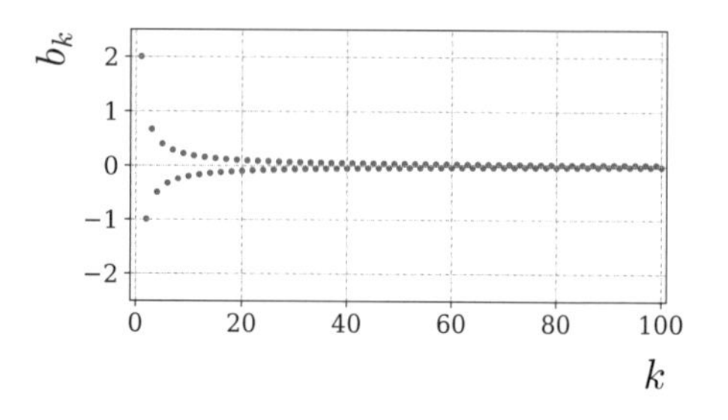

図 9.11　今考えているノコギリ波について，フーリエ級数の項 b_k の値を図示したもの．横軸が次数の k で縦軸が b_k の値である．k の値が偶数と奇数で符号が変わり，高次のものほど値が小さくなっている．

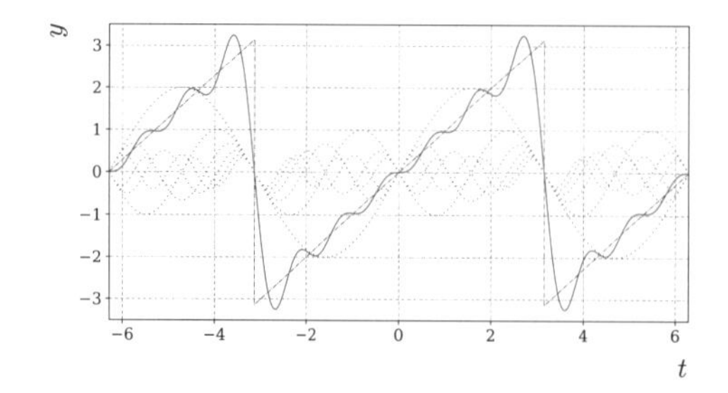

図 9.12　フーリエ級数で 6 次の項までで近似した波形（実線）と，元のノコギリ波（波線）の比較．級数の各次数のサイン波を点線で示している．

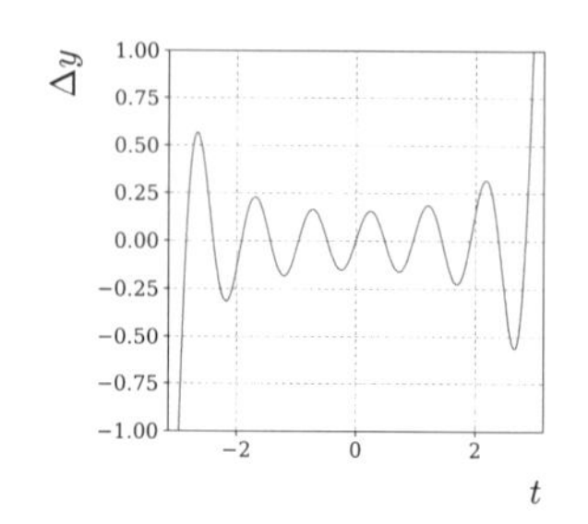

図 9.13　元のノコギリ波とフーリエ級数で 6 次の項まで近似した曲線との差を t の関数として示した．

の差を示している．

では次数を上げていったら，どの程度元の波形に近づくのか見てみよう．フーリエ級数の 10 次の項まで近似したものについての比較が，図 9.14 と 図 9.15 である．100 次の項まで近似したものについての比較が，図 9.16 と 図 9.17 である．

次数を上げて行くほど，元の波形に近づいていることがわかる．しかし，100 次の項まで入れても波形が急激に変化する場所（ノコギリの端の部分）は合いにくい．

ここではノコギリ波についての例を示したが，いろいろな波形の場合どのような近似波形になるかは色々な教科書を探せば見つかるであろう．また，Web で検索してみると様々な説明も見つかる．微分可能な関数であれば，式 (9.6) で計算例を示したように，フーリエ級数の係数（式 (9.4) と式 (9.5)）は部分積分を使って簡単に求まる．自分でも適当な関数について求めて見ると面白いだろう．

楽器の奏でる音は，音色に応じて波形が異なる．そして，どんな波形でもフーリエ級数展開でその形を再現できる．これは，音に様々な倍音が含まれていることを示しており，音色の違いは各倍音成分の強度（フーリエ級数での各項係数の値）が違うことで説明できることを意味している．

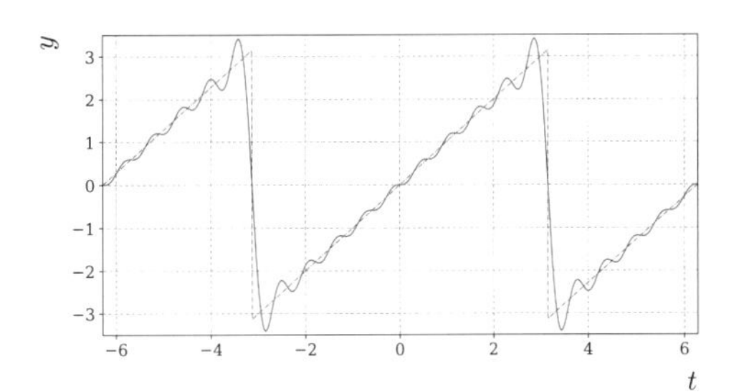

図 9.14　フーリエ級数で 10 次の項まで近似した波形（実線）と，元のノコギリ波（波線）の比較．

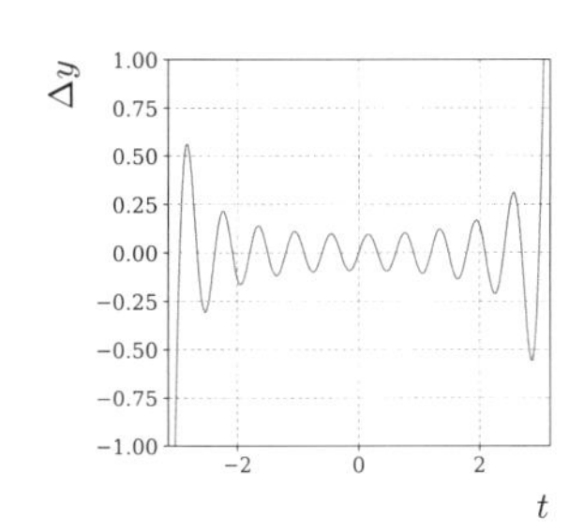

図 9.15　元のノコギリ波とフーリエ級数で 10 次の項まで近似した曲線との差を t の関数として示した．

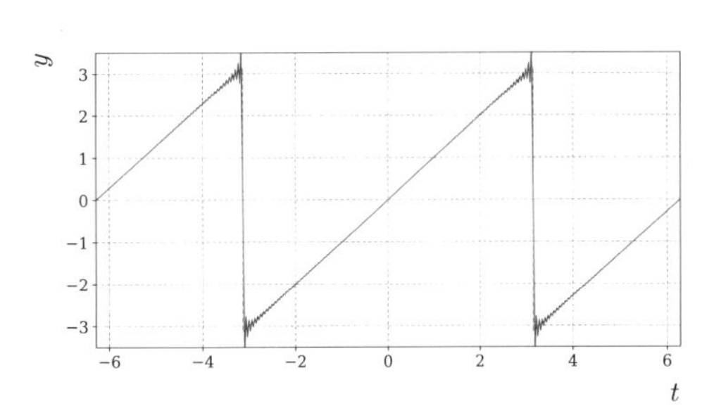

図 9.16　フーリエ級数で 100 次の項までで近似した波形（実線）と，元のノコギリ波（波線）の比較．

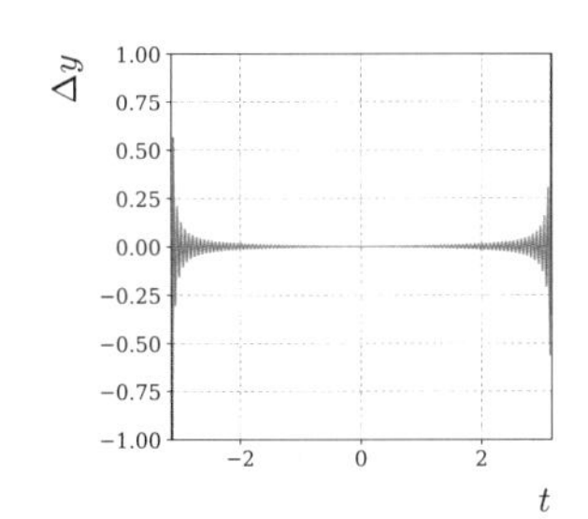

図 9.17　元のノコギリ波とフーリエ級数で 100 次の項まで近似した曲線との差を t の関数として示した．

9.9　参考：有効数字

本課題では，自然音階（純正律）での周波数と，平均律での周波数の比較をするときに有効数字を考える必要がある．有効数字に関しては A.2 節に説明がある．とはいっても，有効数字の取り扱いになれていないと，どう考えるかは難しいであろう．そのため，ここでは表 9.2 を例として具体的に説明する．

最初に自然音階のド (2C) の 65.4 [Hz] の数値についての意味を考える．ギターのチューニングに使う TD-36M は，針の振れ具合でチューニングが合っているか確認できる．しかし，合わせた音の周波数の値自体は表示されていない．チューナーの精度を考えて，四捨五入して 65.4 となる範囲に周波数があるとする．

自然音階は倍音で構成されている．この場合，音階の周波数比は整数の比で書ける．モード n の倍音の周波数は，基準となる周波数の n 倍である．整数は，小数点以下に無限にゼロが続くと考える．掛け算を行うときには，計算結果の有効数字の桁は意味のある桁数の少ない方に合わせると習う．そのため，65.4 について桁数という意味では，有効数字は 3 桁ということになる．今の場合 65.4 という数字は四捨五入して 65.4 となる数字の範囲なので 65.350.... から 65.449... の間にあることを意味する．これを 2 倍すると，130.700.... から 130.899.. の間に値があり，中心値は 130.8 となる．

有効数字を持っている測定値を何倍かする場合は，元の有効数字の桁数と同じ桁をとるようにすると習う。最終的に平均律と自然音階の比をとるが，その前に有効数字 3 桁として 131 としてしまうと， ずれが生じる。そのため，自然音階の周波数についてモード 2 から 6 は，途中の計算では小数点以下 1 桁まで数字をとる方がよいことになる．

次に平均律の計算の基準となる 65.4 [Hz] の数値について考える．平均律はラの音を基準としていて，そこから半音何個分離れているかを考えてドの音がラの音の周波数の何倍かを計算するが，この比は無理数である．この場合ドの音の周波数は，ラの音がどの程度正確に基準となる数字に合っているかによって決まっている．ここではド (2C) の平均律の周波数を 65.4 [Hz] としているが，自然音階の 65.4 [Hz] と完全に一致しているかはわからない．なぜなら，それら 2 つの音の周波数は別々に決められているからである．

平均律での音階を計算するときは，基準の音から半音何個分上がっているか，下がっているかを考える．このとき，基準の音と知りたい音との周波数比はすでに述べているように無理数であり，有効数字という意味では無限の桁を持っていると考える．そのため，平均律での音階の周波数については自然音階と同じように，モード 2 から 6 は，小数点以下 1 桁まで数字をとる方がよいことになる．

表の最後の列の周波数比について考える．分母分子は別々の不定性を持っている．モード2以上のそれぞれの周波数は有効数字が小数点以下1桁までであるが，比を考える場合には桁が何桁あるか考えて，桁数の少ない方に合わせる．この表の計算では，モード2以上では分母分子共に4桁の有効数字であるので，周波数比の有効数字は4桁となる．

レポートを作成するときに，計算で得た数字についてどこまでが意味があるものなのかを常に考えてほしい。また，結果を表にまとめるときに，なぜその桁にしたのかを説明しておくと，論理的に考えているかどうかが読み手に伝わる。一番よくないのは，電卓などで計算して表示された数字の桁を全てそのまま書いてしまうことである。これは，見た瞬間に「何も考えていないな」と読み手に判断されてしまう。

参考文献

[1] 【新版】「音楽の科学：音楽の物理学・精神物理学入門」ローダラー著，高野光司，安藤四一訳，音楽之友社 (2014)．原著： *The Physics and Psychophysics of Music: An Introduction* by Juan G. Roederer Springer Verlag; 4th edition (2008).

アメリカの高名な地球物理学者による，洞察力あふれた名書．

[2] 「絶対音感」（小学館文庫）最相葉月，小学館 (2002).

世の中には，絶対音感を持った人たちがいる．なぜ彼ら（彼女ら）が絶対音感を持っているのか？　絶対音感は教育で身に付くのか？　絶対音感を持っている人たちに聞こえる音は，普通の（絶対音感を持たない）人とどのように違うのか？　絶対音感を持つことは幸福なのか？
絶対音感を持つ音楽家へのインタビューなどを元に，著者の綿密な取材によって書かれた，知的好奇心溢れるノンフィクション作品（ベストセラー）[44]．

[3] 「音楽の基礎」（岩波新書）芥川也寸志，岩波書店 (1971).

この本には，いわゆる「楽典」の域を超え，音楽の生じてきた自然科学的背景についての考察を見ることができる．作者は，仙台フィルハーモニー管弦楽団の音楽総監督も務めた，20世紀の代表的作曲家．

[4] 「響きの考古学–音律の世界史」藤枝守，音楽之友社 (1998).

自然音階（純正律）と平均率の比較など，世界の音楽にわたった詳しい議論がある．

[5] 「ラモー氏の原理に基づく音楽理論と実践の基礎」ジャン・ル・ロン・ダランベール，春秋社 (2012).

近代和声理論を確立したフランスの作曲家，ジャン・フィリップ・ラモーの音楽理論を，物理学者であるダランベールが解説し，同時代と後世の音楽家にも強い影響を与えた本．音楽と自然科学の密接な関係と，その歴史をみることができるだろう．

[6] 「フーリエの冒険」トランスナショナル カレッジ オブ レックス編，ヒッポファミリークラブ (1988).

「波（音）は複数の単純な波（振動モード）の重ね合わせである・・・」．フーリエが発見したこの普遍的性質を理解し，言語音声を解析しようとした文系の大学生たちが，いつしか「フーリエ」の魅力溢れる世界に引きずり込まれた記録．限りなく「直感的」に科学を理解しようとした奮闘記．本テキストの9.8節も参照されたい．

[7] 「楽典 3訂版」黒沢隆朝，音楽之友社 (1987).

いわゆる“楽典（音楽に関する活動（演奏など）のために必要な最低限の知識のこと）”ではあるが，音階成立の起源についての，音楽学者からの興味深い議論がある．すぐれた教科書であるが，現在版元品切れである[45]．

[8] 「音楽と認知」波多野誼余夫（編集），東京大学出版会 (1987).

44) この実験（課題9）は，絶対音感の有無に関係なく行えるよう作られている．

45) 著名な教科書なので，古書の入手は比較的容易．

Ⅳ 科学と文化

認知科学の立場から，音楽が人間に理解されるメカニズム（認知プロセス）を論じた書．

[9] *The Physics of Musical Instruments* (2nd ed.) N. H. Fletcher and T. D. Rossing, Springer (1998). 邦訳「楽器の物理学」 シュプリンガー・フェアラーク東京 (2002).

[10] *The Science of Sound* (3rd ed.) T. D. Rossing, F. R. Moore and P. A. Wheeler, Addison Wesley (2002).

[11] 「振動と波動」 吉岡大二郎，東京大学出版会 (2005).

物理学の立場から音響の基礎となる振動と波動の数理をまとめた書．数理的基礎に興味があるとき，ローダラー氏の著書の次に読むと，深い理解が得られるだろう．

[12] 「患者は何でも知っている：EBM 時代の医師と患者」(EBM ライブラリー) J. A. ミュア・グレイ（著）　斉尾　武郎（翻訳），中山書店 (2004).

科学の普遍性と価値判断の多様性について，最も真剣に直面せざるを得なくなるのは，病気になったときであろう．この書は，EBD(Evidence-Based Decision) の中で最も議論が進んでいる，EBM(Evidence-Based Medicine ＝科学的根拠に基づく医学）について，その第一人者によって書かれた書．一般読者向けの書なので，とてもわかりやすく，科学と社会の関係について絶好の入門書ともなっている．

[13] 「ビューティフル・サイエンス・ワールド」 ナタリー・アンジェ，近代科学社 (2009).

第 1 章「科学的に考える」の中に，科学という営みが生き生きと描写されている．

[14] 「科学哲学への招待」 野家 啓一，筑摩書房 (2015).

科学と社会の関係について，哲学の立場から考察した書．科学という営みを知ること (knowledge about science) は，科学の専門知識 (knowledge of science) を社会で生かすうえでも，専門研究で行き詰まった際に違った視点から解決口を見出すためにも，欠かせないものであろう．

[15] “Science and trans-science”, Alvin Weinberg 著, Minerva, **10**, 209-222, (1972).

科学の適用限界について，科学者の手で明確に指摘した論文．Weinberg は，米国の著名な核物理学者．この論文は，その後の科学論，特に科学技術社会論 (STS) の研究に大きな影響を与えている．

[16] 「トランスサイエンスの時代：科学技術と社会をつなぐ」小林 傳司，NTT 出版 (2007).

Weinberg が指摘した「科学に問うことはできても，科学だけでは答えがでない問」は，私たちが目を背けることができない，現代社会の課題群である．そのような課題に，私たちがどのように向き合ったらよいのだろうか…．科学哲学者の視点から思索した，現代の名著．

[17] 「科学の不定性と社会：現代の科学リテラシー」本堂 毅，平田光司，尾内隆之，中島貴子（編），信山社 (2017).

市民が身につけるべき科学的知識を「科学的リテラシー」と呼ぶことがある．解説書の多くは，科学が解明できること，すなわち科学の知識 (knowledge of science) を教える．しかし，科学の知識だけで科学をめぐる諸問題を解決することは原理的に不可能である．この本では，科学の性質や限界，すなわち科学に関する知識 (knowledge about science) を社会との関わりの中で理解することの重要性を，自然科学から医学，法学，政治学，人類学，教育学にわたる著者がそれぞれ明らかにしている．

オンライン教材

- よくある質問と答え (FAQ)，課題 9 についての質問

  http://jikken.ihe.tohoku.ac.jp/science/faq/index.html#kadai9

V
生　　命

課題 11

DNAによる生物の識別

課題の概要

この実験では，ポリメレース連鎖反応 (polymerase chain reaction, PCR) を用いたデオキシリボ核酸 (DNA, deoxyribonucleic acid) の増幅と電気泳動法による分析を行い，遺伝情報を担う DNA の特徴について学ぶ．生物を成り立たせている一揃いの遺伝情報をゲノム (genome) と呼び，その情報はゲノム DNA に保存されている．すなわち，それぞれの生物の違いは，ゲノム DNA の塩基配列の違いに基づいているといえる．この実験ではまず，ヒト・マウス・ラット・ゼブラフィシュといった異なる種類の生物のゲノム DNA を鋳型にして PCR を行う．続いて，増幅される DNA 断片の大きさと数がそれぞれの生物で異なることを電気泳動により分析し，鋳型として用いたゲノム DNA の塩基配列が異なっていることを確かめる．以上の実験から，生物の違いをそのゲノム DNA の違いとして見ることが可能であることを学ぶ．

11.1 はじめに

11.1.1 DNA と遺伝情報

地球上の生命の起源は，地球が誕生した約 10 億年後の 36 億年前まで遡ると考えられている．原始的段階での生命体がどのようなものであったかは，未だ十分に理解されているわけではないが，現在の地球上に存在するすべての生物は，自己増殖能を獲得した共通の祖先に由来すると考えられている．現在の地球上に生活する 1000 万種ともいわれる生物種に，連綿とその生命が受け継がれてきたことになる．親の性質（形質）が子へと伝えられる現象を，遺伝という．遺伝により伝えられる形質の情報（遺伝情報）は，**デオキシリボ核酸 (DNA**, deoxyribonucleic acid) を構成する 4 種の塩基の配列として保存されており，その情報を担う仕組みは基本的にはすべての生物で共通している．それぞれの生物を成り立たせている一揃いの遺伝情報を**ゲノム** (genome)，その情報を保存している DNA をゲノム DNA という．共通の祖先から現在の生物への進化は，ゲノム DNA の塩基配列が変化することにより成し遂げられてきたものであるといえる．遺伝子の本体である DNA の分子構造の解明は 1950 年代に始まった．R. E. Franklin によって撮影された DNA の X 線回折像（課題 12 も参照）などを手がかりとして， J. D. Watson と F. H. C. Crick により DNA

が二重らせん構造をとっていることが 1953 年に明らかにされた.

11.1.2 DNA の構成単位ヌクレオチド

DNA 分子は，分子量 10 万から数百億に及ぶ高分子である．その構成単位は**ヌクレオチド** (nucleotide) と呼ばれ，デオキシリボースと塩基，リン酸から作られている（図 11.1(A)）[1]．

デオキシリボース (deoxyribose) は，5 つの炭素原子を持つ糖の一種であるリボース (ribose) の 2 番目の炭素原子 (2'C) に付く水酸基 (–OH) が水素 (–H) に置換したものである（図 11.1(B)）．**塩基** (base) は解離性の窒素（アミノ基，イミノ基）を含んだ化合物で，**アデニン** (Adenine, A)，**グアニン** (Guanine, G)，**チミン** (Thymine, T)，**シトシン** (Cytosine, C) の 4 種類のうちの一つが，デオキシリボースの 1 番目の炭素 (1'C) に結合している．リン酸は，デオキシリボースの 5 番目の炭素 (5'C) とリン酸エステル結合によって結合している（図 11.1(A), (C)）．DNA を構成するヌクレオチドには，塩基の異なる 4 種類があることになる．

DNA は，4 種類のヌクレオチドが，デオキシリボースの 3'C でリン酸エステル結合によって結合し，鎖状に長く連なった分子，ポリヌクレオチド (polynucleotide) である（図 11.2(B), (C)）．数十個程度のヌクレオチドからなる DNA の小断片はオリゴヌクレオチド (oligonucleotide) と呼ばれる．

デオキシリボース–リン酸–デオキシリボース–リン酸–…というつながりが DNA の**主鎖** (backbone) を形作る（図 11.2(A)，(C) の黄色とオレンジの部分）．4 種のヌクレオチドがどのような順番で連なっているかを，DNA の塩基

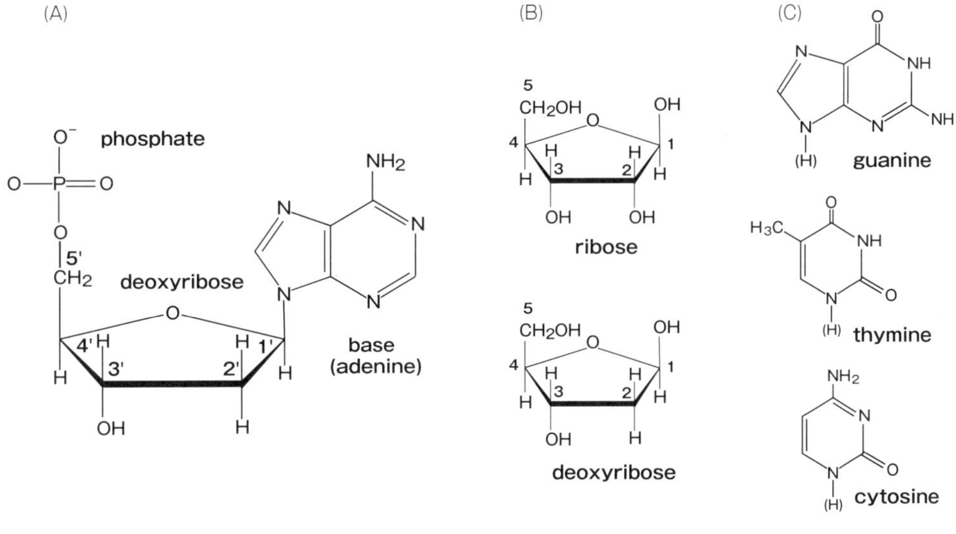

[1] リン酸を除く，デオキシリボースと塩基からなる分子はヌクレオシド (nucleoside) と呼ぶ．

図 11.1 DNA の構成単位であるヌクレオチドの構造．(A) 4 種類あるヌクレオチドのひとつデオキシリボアデノシン 5'-リン酸の構造式．(B) リボースとデオキシリボースの違い．(C) アデニン以外の 3 種の塩基の構造式．括弧で囲んだ水素原子 (H) の部分でデオキシリボースと結合する．

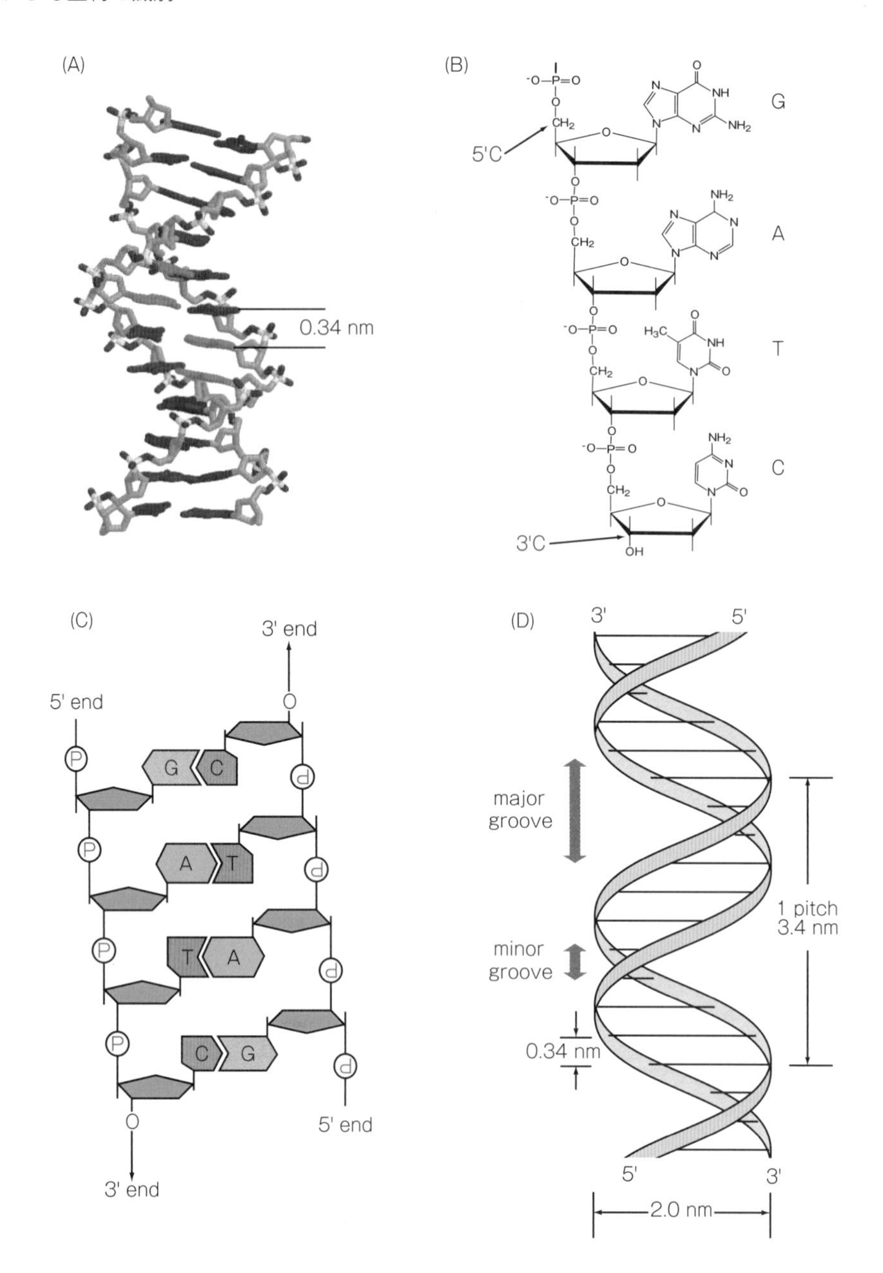

図 11.2　DNA 分子．(A) 12 塩基対からなる DNA 分子の X 線結晶構造解析（分解能 1.82 Å）に基づく分子モデル．原子座標データは Protein Data Bank より得た (PDB ID: 1DOU)．(B) 一本鎖 DNA の中の 4 ヌクレオチド分の化学構造式．(C) 二本鎖 DNA の化学構造模式図．各部分の色調は図 (A) に合わせてある．(D) DNA 二重らせんの形状を示す模式図．

配列 (nucleotide sequence) という．連なるヌクレオチドの数は数百個から数億個におよぶ．この長い塩基配列が遺伝情報そのものである．遺伝情報は A, G, T, C という 4 つのアルファベットを使って記されているのである．

11.1.3 二重らせんと相補的塩基対

よく知られているように，DNA 分子は通常 2 本のポリヌクレオチド鎖がらせん状に結合した二本鎖 **DNA** として存在している．2 本の鎖の結合に関わるのは塩基同士の水素結合である．

二本鎖 DNA のなかでは，アデニン (A) とチミン (T)，グアニン (G) とシトシン (C) が，それぞれ向かい合い，お互いのアミノ基，イミノ基，ケトン基の間で水素結合を形成している．このことを，A と T，G と C が互いに**相補的** (complementary) であるといい，AT，GC の塩基のペアを**相補的塩基対** (complementary base pair) という（図 11.3）．分子全体でみると二本鎖 DNA のそれぞれの鎖はお互いに**相補鎖** (complementary chain) となっており，片方の鎖の塩基配列は，相手の鎖の塩基配列を自動的に決定することになる．このことは，DNA が遺伝情報を担う分子として働くうえで非常に重要であり，Watson と Crick の発見は，遺伝という生命現象が，二重らせんモデルという化学構造によって非常にうまく説明できるという意味で，画期的であった．

水素結合は弱い結合であるが，長い DNA 分子では非常に多くの水素結合が作られるため，2 本の相補鎖はお互いにしっかりと結合されることになる．これを一本鎖にほどくためには，100 ℃近い高温を必要とする．二本鎖 DNA は，通常一つの軸を持った右巻きの二重らせんとして存在している（図 11.2(A), (D)）．

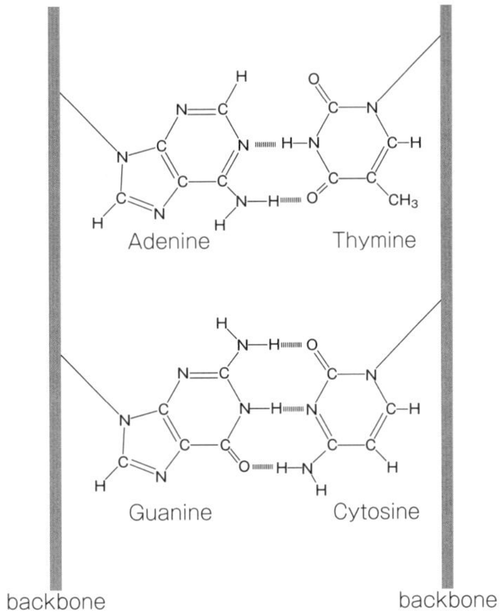

図 11.3 相補的塩基の間に形成される水素結合．AT 対では 2 つの，GC 対では 3 つの水素結合が形成され，これによって 2 本のポリヌクレオチド鎖が結合して二本鎖 DNA となる．

11.1.4　DNA 分子の方向性

1 本のポリヌクレオチド鎖の一方の末端に位置するデオキシリボースでは，5 番目の炭素原子 (5'C) にリン酸基が結合している．もう一方の末端に位置するデオキシリボースでは，3 番目の炭素原子 (3'C) に結合した水酸基で終わっている（図 11.2(B)）．このことは，一本のポリヌクレオチド鎖には方向があることを意味し，前者を 5' 末端，後者を 3' 末端と呼ぶ．相補鎖との間でこの方向性がどうなっているか見てみよう．図 11.2(C) に示した 4 塩基対からなる DNA では，片方（左側）の鎖が 5'-GATC-3' であり，その相補鎖は，3'-CTAG-5' であって，互いに逆を向いた鎖が結合していることになる．

11.1.5　DNA 分子の大きさ

DNA 分子は構造的にも，機能的にもヌクレオチド対を単位に構成されている．そこで，DNA 分子の大きさ（長さ）を表すのに塩基対（base pair，bp と表記）を単位として用いるのが一般的である．100 bp ならば 100 ヌクレオチド対（ヌクレオチド数は 200）からなる二本鎖 DNA 分子を示す．一本鎖 DNA の場合には base pair ではなく，単に base，b となる．

塩基対数[2] で表した DNA 分子の大きさは，その定義から見ても分子量ではない．しかし，ヌクレオチド対の分子量（式量）は，AT 対，GC 対ともに約 600 であるから[3]，塩基対数が相対的には分子量と良い相関を持つことは明らかである．このため，実験室ではしばしば塩基対数を "DNA の分子量" と呼ぶことがあるが，厳密には誤用ということになるだろう．

2) "えんき たいすう" ではなく "えんきつい すう"．

3) 自分で計算してみよ．

11.1.6　セントラルドグマ

ゲノム DNA にある遺伝子の発現には，もう一つの核酸である**リボ核酸** (**RNA**, ribonucleic acid) が関係している．遺伝情報の発現において，ゲノム DNA の塩基配列情報は，それに相補的な塩基配列をもつメッセンジャー RNA (mRNA) を合成することにより写される（**転写**，transcription）．RNA の 4 種の塩基は，チミンの代わりにウラシル (U) が使われる以外は，DNA と共通である．この mRNA の塩基配列の連続した 3 塩基はコドンと呼ばれ，その塩基配列によって，タンパク質を構成する 20 種のアミノ酸のうちの特定のひとつを指定している．この mRNA の塩基配列情報をもとに，タンパク質の一次構造であるアミノ酸の配列が決定される（**翻訳**，translation）．遺伝情報は，このように DNA から RNA，そしてタンパク質へと一方向に伝達される．この情報の流れは**セントラルドグマ** (central dogma) と呼ばれ，生物が示す共通の規則となっている．

こうして作られたタンパク質（およびある種の RNA）は複雑に折り畳まれて，それぞれに決まった立体構造を作ることで，細胞の構造を作ったり酵素として働いたり，それぞれの機能を発現する．その折り畳まれ方は，RNA の場合は塩基配列，タンパク質の場合にはアミノ酸の配列だけで決定されていると考えられている[4]．すなわち，遺伝情報とは，第一義的には配列情報のみであるといえる．

[4] タンパク質の折り畳まれる過程についての研究は，解明の途上にある．ある配列が水溶液中に置かれるだけで決まった形になるものもあれば，合成される順に端から折り畳まれることが必要なもの，別のタンパク質との相互作用によってはじめて正しい形が決まるものなど，様々な折り畳まれ方があることが解明されつつある．しかしいずれの場合も，正しい形を作る元となる情報はアミノ酸の配列だけである．

11.2 実験 PCR による DNA の増幅と電気泳動による DNA の分析

現在の生物学研究で不可欠な技術である PCR を行い，生物の違いをそのゲノム DNA の違いとして理解できることを学ぶ．まず，ヒト・マウス・ラット・ゼブラフィシュといった異なる種類の生物のゲノム DNA を鋳型にして PCR を行う．続いて，増幅される DNA 断片の大きさと数がそれぞれの生物で異なることを電気泳動により分析し，鋳型として用いたゲノム DNA の塩基配列が異なっていることを確かめる．

11.2.1 実験の原理

(1) PCR 法

生体内で行われる DNA の複製は，非常に複雑な過程であり，現在これを試験管内で完全に再現することはできない．K. B. Mullis (1993 年ノーベル化学賞) により開発された**ポリメレース連鎖反応** (polymerase chain reaction, **PCR**) は，微量の DNA を試験管内で簡単に増幅することを可能にし，DNA 解析技術に革命的な変化をもたらした．PCR では，特定の塩基配列を持った DNA 断片を，試験管内で短時間に多量に複製する．この DNA の合成には，好熱性細菌 (*Thermus aquaticus*) 由来の DNA 合成酵素（*Taq* DNA ポリメレース：*Taq* DNA polymerase）が使われる．この酵素は，一本鎖 DNA を**鋳型** (template) として，その相補鎖を合成して，二本鎖 DNA にする反応を触媒する．基質である 4 種類のデオキシリボヌクレオシド三リン酸 (dNTP[5]) が，鋳型となる一本鎖 DNA の塩基に一つずつ結合しながら，相補鎖の 5' 末端から 3' 末端に向かって合成されていく．この酵素による相補鎖合成の開始には，鋳型 DNA に相補的な配列をもった短いオリゴヌクレオチド（**プライマー**：primer と呼ぶ）を必要とする．二本鎖 DNA はこの反応の鋳型にならない．しかし，らせん構造をもつ 2 本のポリヌクレオチド鎖は，加熱することにより一本鎖にほどけ，冷却すると再び相補鎖と結合して，もとの二本鎖に戻る性質をもっている．こ

[5] ヌクレオチドにさらに 2 つのリン酸基が付いた分子．dATP（デオキシリボアデノシン三リン酸），dGTP，dTTP，dCTP を総称して dNTP (deoxyribonucleoside triphosphate) と呼ぶ．DNA が合成される際に，2 つのリン酸が解離し，このとき解放されるエネルギーが使われる．

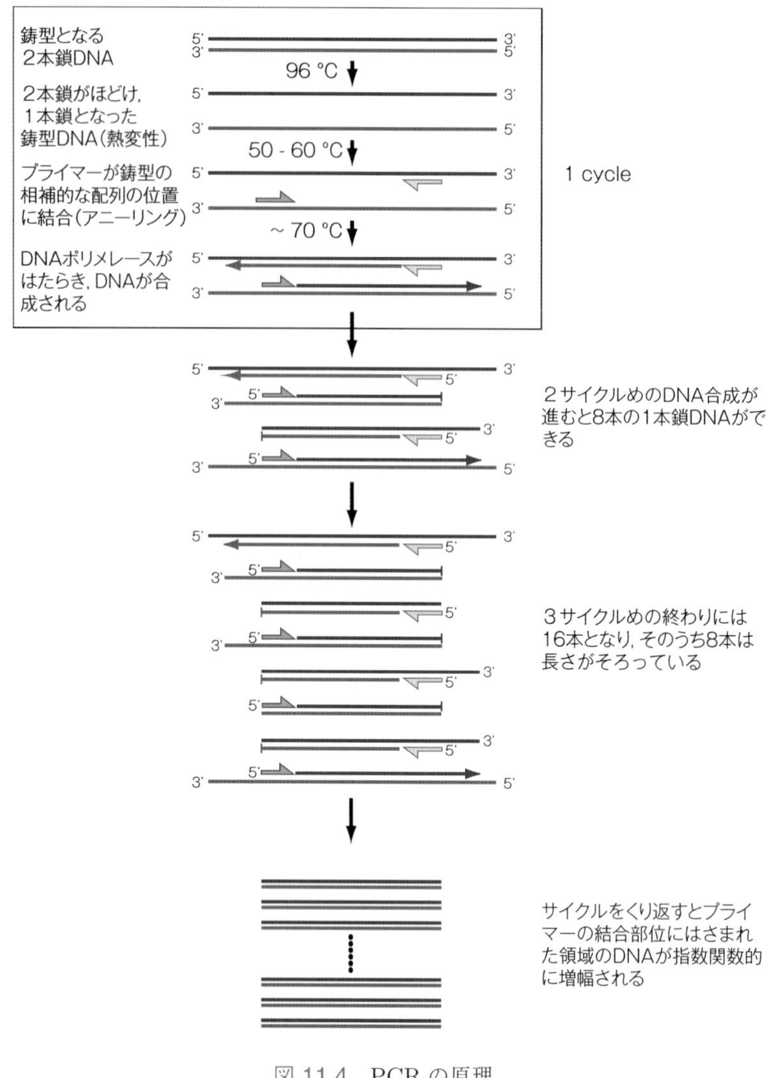

図 11.4　PCR の原理.

の性質を利用して，図 11.4 に示す三段階からなる反応を繰り返すことにより，2 種のプライマーに挟まれた部分の二本鎖 DNA を指数関数的に増幅することができる.

まず，鋳型となる二本鎖 DNA を 95 ℃前後まで加熱し[6]，一本鎖に解離する（**熱変性**）．次に，増幅したい特定部位の DNA 鎖の両端と相補的な配列の 2 種類のオリゴヌクレオチド（プライマー）が反応系に過剰に存在する状態で温度を下げると，そのプライマーは，相補的な鋳型 DNA 部位に結合する（**アニーリング**：annealing）．続いて，DNA ポリメレース活性の最適温度まで温度を上げると，はじめに加えてある dNTP を材料として，プライマーを先頭に 3' 末端側に鋳型 DNA に相補するポリヌクレオチド鎖が合成される（**DNA 伸長反応**）．3 サイクル目からは，2 個のプライマーで挟まれた部分の二本鎖 DNA の合成が始まり，サイクル数の増加に応じて急速にその数が増加することになる．

[6] この温度は，鋳型とする DNA の長さや，酵素の種類，増幅したい DNA 断片の長さによって多少変化する．

この反応を円滑に繰り返すためには，DNA の熱変性を行う温度でも失活しない熱安定性の高いDNAポリメレースを使用する必要があり，種々の好熱性細菌から調製した用途に応じた酵素が市販されている．この反応は，鋳型DNA，プライマー，dNTP，DNAポリメレースなどを入れた反応チューブを，熱変性，アニーリング，そしてDNA伸長反応の3つの異なる温度にくり返し置くだけで進行する．そこで，PCRを行うための3つの温度と，その温度の保持時間（反応時間），さらに繰り返しのサイクルの回数を設定すると，そのプログラム通りにチューブの温度を変化させる恒温装置（サーマルサイクラー：thermal cycler）が開発され市販されている．

(2) RAPD法

ゲノムDNAの塩基配列は，生物種により異なるだけではなく，各個体が固有の配列を持っている．このゲノムDNAの塩基配列の違い（DNA多型：DNA polymorphism）を検出することにより，各生物種間，同一種の集団間，また個体間の違いを検出，解析する様々な方法が考案されている．その中で，ゲノムDNAを鋳型にしたPCRによってDNA多型を検出する方法がある．

通常のPCRでは鋳型上の特定の部位と相補的な20～30塩基程度のプライマーを用いて，1種類だけの増幅DNA断片を得ることを目的とすることが多い．これに対して8～12塩基程度の短いオリゴヌクレオチドをPCRのプライマーとして使用して，鋳型上のランダムな複数箇所を増幅する方法がある．

ゲノムDNAを鋳型に比較的短い任意の配列のプライマーでPCRを行うと，以下のような条件のときにDNA断片が増幅される．

1. プライマーの塩基配列と相補的な塩基配列が，鋳型DNAのそれぞれの相補鎖上の離れた位置に存在する．
2. 上記の2箇所が，PCRで増幅可能な，数十～数千塩基対(bp)だけ離れている．

プライマーは鋳型DNA上の相補的な配列の箇所に結合するのであるから，鋳型DNAの塩基配列が異なれば，こうした箇所の分布が異なり，増幅DNA断片の長さや本数（種類数）が異なることとなる．同一のプライマーを用いてPCRを行い，増幅されるDNA断片の長さや本数の違いによって，鋳型に使用したDNAの多型を検出する方法をRAPD (random amplified polymorphic DNA)法という．このRAPD法の原理を図11.5に示した．

RAPD法は，操作が極めて簡単で，短時間で結果が得られることから，集団遺伝学の研究をはじめ，DNA鑑定などにも幅広く活用されている．この方法では，増幅されるDNA断片の内容（配列）は問題ではなく，断片の種類と長さ（したがって，電気泳動したときのバンドパターン）が意味を持つ．ある決まった配列のプライマーに対して，鋳型DNAが同じならば必ず決まったバンドパターンが得られるはずであり，バンドパターンの違いは鋳型DNAの違いを意味するから，品種や産地などのDNA鑑定には極めて強力な手段となる．一方，増幅されるDNA断片の塩基配列は，その配列の持つ遺伝情報（遺伝子）とは

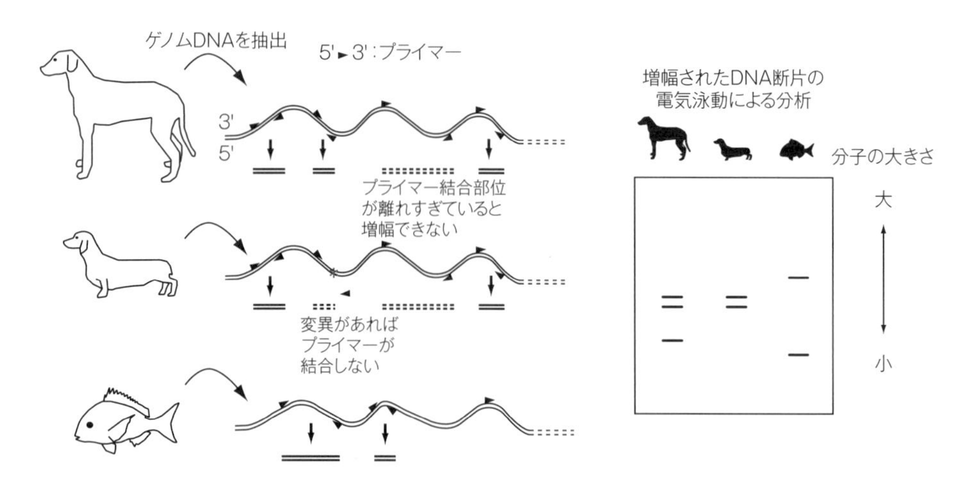

図 11.5　RAPD 法の原理．生物の種類が異なると，そのゲノム DNA の塩基配列には違いがある．塩基配列の異なるゲノム DNA を鋳型にして同一のプライマーで PCR を行うと，プライマーが結合する位置や数に違いが生じることになる．PCR で増幅された DNA 断片を電気泳動法によって分析すると，染色されたバンドの泳動距離や数の違いとして，生物の種類の違いを認識することができる．

無関係に決まるから，何がどのように違うかという生物の機能に踏み込んだ情報は得られない．そうした情報を得るためには，違いのある部分の塩基配列情報の解析（シークエンシング sequencing, 11.5 節参照）が必要となる．

(3)　電気泳動による DNA 分析

電気泳動 (electrophoresis) は，一般に荷電分子（あるいは分子集合体である粒子）が電場中を移動する現象を利用した解析方法である．ここでは DNA 分子の解析に広く用いられているアガロース電気泳動について解説する．

アガロース (agarose) は藻類の細胞壁の構成成分の一つである多糖類で，その分子は細く長い繊維状の構造である．アガロースゲルはアガロースを熱水に溶解したあと冷却したゼリー状のかたまりで，アガロース繊維は水分子と多数の水素結合を作って広がり，微細な網目状の構造を作っている．この媒質中を DNA 分子が移動する（図 11.6）．

分子の移動速度 v は電場強度に比例し，また分子の大きさ（空間的広がり）が小さいほど大きい．定量的には $v = F/\zeta$，と表される．ここで F は分子が電場から受ける力である．DNA はリン酸基を持つ（図 11.2B）ため，中性から弱塩基性水溶液中では負電荷を持つ．したがってゲル中の DNA に対して電場をかければプラス極へ向かって移動する．ζ は摩擦係数と呼ばれる量で，ゲル中を移動する DNA の運動がゲルの網目によりどの程度邪魔されるかを定量的に表す[7]．

本実験で扱う DNA はすべて直鎖状（両端がある）ために，分子の移動速度は DNA の長さ（塩基対数）だけによって決まる．

[7] 液体中を半径 a の球が泳動される場合には理論的に $\zeta = 6\pi a\eta$ となることがわかっている．つまり同じ液体中では大きな球ほど泳動速度が遅い．ここで η は液体の「粘っこさ」を示す粘性係数という量で，20 ℃の水ならば 10^{-3} Pa·s という値を持つ．図 11.6 に示すように網目のサイズより DNA が大きい場合は，DNA は蛇がのたくるように網目を通り抜けて移動し（これをレプテーション：reptation という），一方十分小さい場合には網目にぶつかりながら移動するという描像で研究されている．

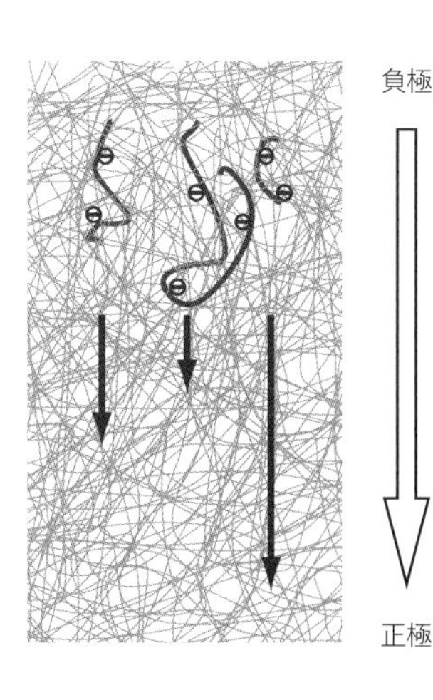

図 11.6　DNA が電場から力を受けてアガロースゲルの網目の中を通り抜ける様子を示した模式図．丸に横棒の記号はデオキシリボ核酸のリン酸基に由来する負電荷を表す．この負電荷が電場から力を受けプラス極へ向かって進む．長い DNA は網目にひっかかりながらへびがのたくるように (reptation) 網目をくぐって進む．短い DNA はコンパクトであるためアガロース繊維との相互作用は少なくなり，より速く進む．

電気泳動で分離された DNA を目で見えるようにするためには，DNA に結合して蛍光を発生するエチジウムブロマイドによる染色がよく用いられる．染色後，ゲルに紫外線を照射し，その蛍光を観察する．DNA 検出限界は，アガロースゲルを担体とした場合約 10 ng である．エチジウムブロマイドは，強い変異原性物質であるから，取扱うときには必ずゴム手袋をはめ，エチジウムブロマイドが皮膚につくことがないように，細心の注意を払う必要がある．この実験では，エチジウムブロマイドによる染色操作は TA が行う（11.5 節参照）．

V 生命

11.2.2　使用器具および試薬

(1)　使用器具

- マイクロチューブ：0.6 mL の PCR チューブと，1.5 mL のストックチューブを用いる（新しいチューブはタッパーに入っている）
- マイクロピペット：(NICHIRYO NICHIPET EX 0.5-10 μL, および 20-200 μL)
- 小型微量遠心機：(トミー精工 PMC-60)
- PCR サーマルサイクラー（eppendorf 社 Mastercycler flexlid)：サーマルサイクラー (thermal cycler) は，熱変性，アニーリング，DNA 伸長反応という PCR の 3 つの段階に応じて，それぞれの温度と保持時間をプログラムできるようになっている．加熱と冷却は電子的にコントロールされ，誤差は通常 0.5 ℃未満である．サーマルサイクラーのプログラムと操作は TA が行う．各グループで準備した反応チューブを持参し，指示に従ってモジュールにセットせよ．
- 小型電気泳動システム（アドバンスバイオ Mupid-2Plus）
- ゲル撮影装置（UVP BioDoc-It および BioRad GelDoc Go)：染色したゲルに紫外線を当てて，DNA に結合した色素が発する蛍光を CCD カメラによって撮影し，プリントする装置である．撮影は TA が行う．

(2) 試薬

各テーブルには，以下の試薬のうち 1 番から 7 番までを，番号または略号を記したマイクロチューブに入れて，アイスボックス中で氷冷して配布してある．確認しておくこと．さらに，試薬ではないが，遠心機のバランス取りのための水の入ったチューブも一緒に配布されている．

1. dNTP 混合溶液：PCR の基質の一つである 4 種類の dNTP を混合したもの．それぞれの dNTP の濃度は 10 mM である．1 番の番号のついたチューブに入っている．
2. Taq DNA ポリメレース酵素液：DNA 合成酵素である *Taq* DNA polymerase と専用の緩衝液を混合したもの．2 番の番号のついたチューブにあらかじめ 137.1 μL ずつ分注されている．組成は *Taq* DNA polymerase: 1.1 μL，10× PCR buffer: 28.56 μL，DW: 107.44 μL である．温度が上がると活性に影響するためできる限り氷中に置くこと．
3. プライマー：5'ACCCGTCCCC 3' の配列を持つ 10 塩基のオリゴヌクレオチドである．3 番の番号のついたチューブに入っている[8)]．
4. 鋳型 DNA 溶液：4 種の PCR チューブに，あらかじめ 15 μL ずつ分注してある．ヒト (human)（赤，H のマーク），マウス (mouse)（青，M のマーク），ラット (rat)（緑，R のマーク），ゼブラフィッシュ (zebrafish)（黄，Z のマーク）の 4 種の生物のゲノム DNA を鋳型として用いる[9), 10)]．
5. 電気泳動試料用色素溶液：2 種の色素とグリセロールを含む．これを加えることにより，ゲルへの試料の添加が容易になり，さらに泳動状態を確認することができるようになる．
6. 電気泳動用 DNA マーカー：100 bp DNA Ladder．100，200，300，400，500，600，700，800，900，1000，1200，1500，2000，3000 bp の DNA 断片が含まれる．このうち，500，1000 bp のバンドは他より濃く見えるように調製してある．
7. 純水：蒸留とイオン交換を行って精製した水．DW と記されたチューブに入っている．
8. アガロースゲル
9. 電気泳動用緩衝液
10. DNA 染色用エチジウムブロマイド溶液

8) このほか，5'GGCCACAGCG 3' の配列を持つオリゴヌクレオチドも，この実験のプライマーとして用いることができる．

9) 正確には，実験時間の制約から，ゲノム DNA を鋳型にしてあらかじめある程度 PCR を行ったものを鋳型としている．調製については，11.5.2 項に記載してある．

10) それぞれの学名（種名）は次の通り．ヒト: *Homo sapiens*, マウス: *Mus musculus*, ラット: *Rattus norvegicus*, ゼブラフィッシュ: *Danio rerio*.

11.2.3　実験方法

実験操作の流れが図 11.7 にスキームとして示してあるので，参照せよ．

1. PCR による DNA の増幅
   (a) PCR 酵素液の調製

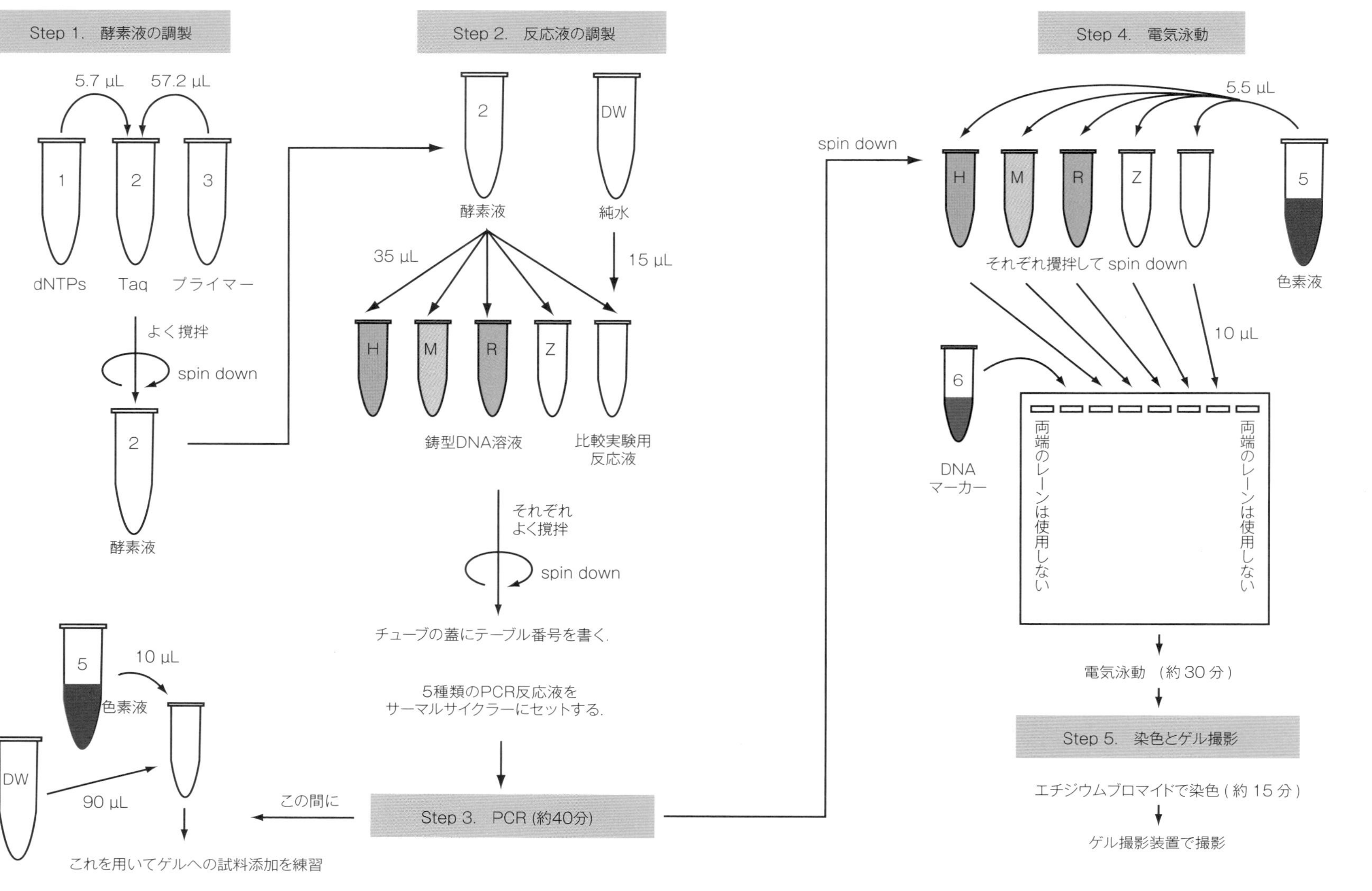

図 11.7 実験操作の流れ.

V 生命

表 11.1 に従って PCR 酵素液を調製する．配布されたチューブ（2 番）には，あらかじめ *Taq* DNA ポリメレース酵素液が 137.1 μL 分注されているので，このチューブに 1 番の dNTP 混合溶液と 3 番のプライマー溶液を指定された量，マイクロピペットで量り入れる．すべての液を入れたら，チューブの蓋をきっちりと閉めて，よく混合した後，微量遠心機で数秒間遠心して溶液を底に集める．*Taq* DNA ポリメレースの活性を保護するため，調製した PCR 酵素液は氷中に保つこと．

表 11.1　PCR 酵素液.

溶液	容量 (μL)
1. dNTP 混合液	5.7
2. *Taq* DNA ポリメレース酵素液	137.1
3. プライマー	57.2
全体の容量	200.0

2. PCR 反応液の調製

表 11.2 に従って PCR 反応液を調製する．配布された 4 種の鋳型 DNA 溶液のチューブには，それぞれ 15 μL が分注されているので，ここに表 11.1 で調製した PCR 酵素液をマイクロピペットで量り入れて，PCR 反応液を調製する．さらにもう 1 本の新しい PCR チューブに対照実験用として鋳型 DNA 溶液の代わりに純水を加えた反応液を用意する．

すべての液を入れたら，チューブの蓋をきっちりと閉め，よく混合してから小型微量遠心機に装着して数秒間遠心し，溶液をチューブの底に集める．その後，サーマルサイクラーにセットするまで氷中に保つこと．

表 11.2　PCR 反応液.

溶液	容量 (μL)
4. 鋳型 DNA 溶液	15
PCR 酵素液 [11]	35
全体の容量	50

[11] 表 11.1 で調製した PCR 酵素液である.

3. サーマルサイクラーへのセットと PCR

5 本の PCR チューブを，PCR サーマルサイクラーに装着し，あらかじめサーマルサイクラーに登録されているプログラムで反応を行う．登録されているプログラムを実行すると，95 ℃で 3 分間熱前処理した後，94 ℃の熱変性を 45 秒，40 ℃のアニーリングを 2 分，そして 72 ℃の DNA 伸長を 2 分からなる反応サイクルを，合計 5 回繰り返して PCR を終了する．

反応終了後，PCR チューブをサーマルサイクラーから取り出し，チューブラックに並べ氷冷しておく．

4. アガロースゲルへの試料添加の練習

PCRの時間を利用して，電気泳動のアガロースゲルに試料を添加する（アプライ: apply）練習をする．新しいチューブに，純水 90 μL と電気泳動用色素液 10 μL を入れ，よく撹拌して練習用サンプル液を作る．

マイクロピペットで 10 μL のサンプル液を取り，練習用アガロースゲルの試料添加用の凹み（ウェル: well）に静かに注入する．まず，TAによる模範操作をよく見ること．うまくアプライできるようになるまで練習せよ．

5. 電気泳動によるDNAの分析

(a) 電気泳動層の確認

アガロースゲルを，電気泳動槽に装着し，電気泳動用緩衝液が適量（約 300 mL，泳動槽内の秤量線まで）入っているかどうか確認する．

(b) 色素溶液の添加と混合

反応が終了した5つのPCRチューブに，マイクロピペットを使い，電気泳動用色素液を 5.5 μL ずつ入れ，蓋をしてよく液を混合してから，遠心機で溶液をチューブの底に集める．

(c) アガロースゲルへの添加

このPCR反応液と色素液の混合液から，10 μL をマイクロピペットで取り，これをアガロースゲルのウェルに静かに注入する．さらに，試料を添加したウェルの隣のウェル一箇所に，電気泳動用DNAマーカー 10 μL を静かに注入する．どのウェルにどの試料を入れたかを必ずノートに記録しておくこと．

(d) 電気泳動

5つの試料とDNAマーカーをアガロースゲルに注入し終ったら，定電圧装置を差し込み，電気泳動槽の蓋を閉める．コンセントを電源に差し込んだら，電圧スイッチが 100 V になっていることを確認して，電源スイッチをオンにする（TAに確認してもらうこと）．泳動槽内にあるプラス極側の白金電極から，細かな泡がでていることを確認する．さらに数分後に，青い色素バンドがプラス極側に移動していることを確認する．約25〜30分後に，二種の色素のうち先行する方がゲルの中央付近まで泳動されていれば，電源スイッチをオフにして電気泳動を終了する（TAに確認してもらうこと）．

(e) DNAの染色と泳動パターンの撮影

泳動が終了したアガロースゲルを，TAの指示に従ってエチジウムブロマイド溶液で染色する．ゲル撮影装置で泳動パターンを記録する．

V 生命

11.3 レポートの作成

11.3.1 レポートのまとめ方

- 目的：問題の背景と実験の目的を端的に記す．
- 原理：PCR 法，および RAPD 法の原理について，テキストの記述の書き写しにならないようコンパクトにまとめよ．
- 材料と方法：用いた器具，試薬，および実験の流れを大まかにまとめればよい．テキストの図などを書き写す必要はないが，実験を再現するのに必要な情報は漏らさないように．
- 結果：下記の結果のまとめ方 1〜5 に従って結果をまとめよ．
- 考察：実験の結果から考えられることを記述せよ．下記の問題にもこの中で触れよ．問題に答えただけでは考察にはならないので注意．
- 結論

11.3.2 結果のまとめ方のポイント

1. 泳動パターンの写真を貼付し，各レーンについて説明せよ．
2. DNA マーカーを泳動したレーンには，何本の DNA バンドが見られたか．
3. ゲノム DNA を入れないで PCR を行った試料のレーンには，何本の DNA バンドが見られたか．このことは何を意味するか．
4. 生物のゲノム DNA を鋳型にして行った PCR の試料では，それぞれ何本の DNA バンドが見られたか．
5. 各生物のゲノム DNA から増幅された DNA 断片の分子の大きさ（塩基対数）を，DNA マーカーから推定せよ．DNA 分子の“泳動距離”と“塩基対数の対数”とがある範囲では線形関係で近似できることが経験的に知られている．そこで，
   - ゲル写真から DNA マーカーの各バンドの泳動距離（泳動開始地点であるウェルから各 DNA バンドまでの距離）をものさしで測定して，[分子の大きさ：泳動距離] を片対数グラフにプロットし，直線近似して標準直線を作成する．プロット全体が直線に乗らない場合には（しばしばそうなる）どのように近似を行うかを考え，それをレポートに記述する必要がある．
   - 各レーンにある DNA バンドのそれぞれの泳動距離を測定して表にまとめる．
   - それぞれの DNA バンドの移動距離を，作成した標準直線に当てはめて，DNA の大きさを見積もり，表にまとめた上で，どのような結果が得られたのか説明する．

11.4 問題

11.1

今回の実験では，鋳型となる各生物のゲノム DNA 上の多くの箇所に結合するプライマーを用いいた PCR で，多くの DNA 断片を増幅した．では，ゲノム DNA 上の特定の 1 箇所だけを PCR によって増幅しようとしたらどのようなプライマーを用いるべきだろうか．必要とされるプライマーの条件を今回使用したプライマーと比較して説明せよ．

11.2

ヒトのゲノム DNA の長さを 3×10^9 bp（塩基対）としたとき[12)]，ゲノム DNA 中の特定の 1 箇所だけに結合できる最も短いプライマーの長さを計算せよ．なお，4 種の塩基の存在確率は等しいものと仮定する．

12) 今回用いた生物のゲノムの大きさは，マウス，ラットとも約 30 億 bp，ゼブラフィッシュでは約 17 億 bp である．

11.3

通常の PCR では，20 塩基程度のプライマーを用いアニーリング温度は 60 ℃前後で行う．しかし，今回の実験ではアニーリング温度は 40 ℃としている．通常よりも低いアニーリング温度で PCR を行わなければならない理由を説明せよ．

11.4

本課題では「増幅された PCR 産物のバンドパターンが異なる」という実験結果によって「鋳型 DNA の配列が異なっている」を確かめた．それでは，「増幅された PCR 産物のバンドパターンが同じ」ならば「鋳型 DNA の配列が同じ」である，ということは正しいだろうか？このことの真偽とその理由を RAPD 法の原理に基づいて説明せよ．

11.5 発展

11.5.1 PCR 技術の展開

PCR は，DNA を鋳型とし，鋳型内部に相補的な塩基配列をもつ 2 種のプライマーを用いることにより，これらのプライマーに挟まれた DNA 領域を特異的に増幅する．PCR 産物は指数関数的に増加するため，PCR は極微量のサンプルからの標的の検出に威力を発揮する．PCR は生命科学のみならず医学的診断でも幅広く利用されており，さらには環境保全のための行政調査や司法捜査などでも活躍している，現代社会を支える不可欠な技術といっていいだろう．

2020 年から世界的な流行が見られた新型コロナウイルス感染症 (COVID-19: coronavirus disease 2019) はコロナウイルスの一種である SARS-CoV-2 (severe acute respiratory syndrome coronavirus 2) によって引き起こされるものである．COVID-19 の感染検査やウイルス変異の確定などに用いられている最新の技術も PCR に基づくものが多くある．

SARS-CoV-2 は RNA ウイルスであり，スパイクタンパク質などウイルス粒子を構成するタンパク質のアミノ酸配列情報は一本鎖 RNA の塩基配列に符号化されている．PCR で鋳型となるのは二本鎖構造を持つ DNA であるため，SARS-CoV-2 検出のためには PCR の実行前にウイルスの RNA を DNA に変換する必要がある．一本鎖 RNA を鋳型として DNA を合成する過程を逆転写 (reverse transcription) と呼び，この反応を触媒する酵素を逆転写酵素 (reverse transcriptase) と呼ぶ．逆転写酵素をもつウイルスとしてはレトロウイルスが著名である．SARS-CoV-2 の PCR 検査では，まず RNA を逆転写し DNA とした上でウイルス特異的な塩基配列をもつプライマーを用いて PCR を行うことによって，検体にウイルス由来の RNA が存在していたかを確かめている．このような RNA を逆転写した上で PCR を行う技法を **RT-PCR 法**と呼ぶ．一般の生物ではゲノム DNA から mRNA が転写され，さらに mRNA からタンパク質が翻訳されるという方向性で遺伝情報が展開されている（セントラルドグマ）ことから，逆転写反応はセントラルドグマの一部を逆行する過程となっている．

本課題では，PCR 産物の分析にゲル電気泳動を用いたが，迅速な判定が要請される検査では**リアルタイム PCR 技術**が利用されている．リアルタイム PCR では増幅された産物の量を定量するために，二本鎖 DNA に非特異的に挿入される蛍光物質を利用する方法（インターカレーション法）や標的となる DNA 配列に特異的な蛍光色素でラベルされたオリゴヌクレオチドを利用する方法（蛍光レポータープローブ法）などが用いられている．インターカレーション法では，PCR で増幅された DNA 断片に非特異的に取り込まれた蛍光物質由来の蛍光強度を測定することで増幅産物量を定量することができる．蛍光レポータープローブ法では，プライマーとは別に標的配列内部に相補的な配列をもつ蛍光標識オリゴヌクレオチド（プローブ）を用いる．プローブは，5' 側がレポーターと呼ばれる蛍光物質で標識され，3' 側がクエンチャーと呼ばれるレポーターの蛍光を阻害する物質によって標識されている．プローブ単体状態では，レポーターとクエンチャーが近接しているため蛍光は生じない．一方，PCR 実行中に標的配列特異的にプローブがハイブリダイズした後，DNA ポリメレースによる DNA 合成がハイブリダイズしたプローブ領域に到達すると，DNA ポリメレースの 5' → 3' エキソヌクレアーゼ活性によりプローブは 5' 側から分解される．このときレポーターはクエンチャーから離れるためレポーター由来の蛍光が観測できるようになる．この蛍光強度が PCR によって特異的に増幅されている産物量を反映していることになる．いずれの技法も蛍光強度によって増幅された DNA 産物量を PCR 実行中にリアルタイムで測定することができるため，ゲル電気泳動よりも高速性・定量性で優れた技術である．

COVID-19 の感染経路の推定や変異系統の確定にはウイルス RNA の塩基配

列の決定が重要となる．本課題では増幅されたDNA断片のサイズとその組み合わせによって生物種を区別することを学んだが，同じサイズのDNAであってもその塩基配列は同じとは限らないことを考えれば，**塩基配列決定**（**シークエンシング**, sequencing）が生物種の特定には第一義的に重要であることも理解できるだろう．塩基配列の決定技法の一つとしてジデオキシ法がある．

塩基配列決定はDNAポリメレースによるDNA合成反応がその基礎にある．通常のDNA合成反応では相補的なデオキシリボヌクレオチドを取り込みつつDNA伸長が進行するが，反応液中にジデオキシヌクレオチドを低濃度で混在させると，低頻度でジデオキシヌクレオチドを取り込んでしまい伸長反応が停止する．このことからジデオキシヌクレオチドをターミネーターと呼んでいる．反応液中に4種のジデオキシヌクレオチド(ddATP, ddGTP, ddCTP, ddTTP)のうち1種類だけを混入させることによって，使用したジデオキシヌクレオチドを末端に持つ様々な長さのDNA断片が生じることになる．4種類のターミネーターをそれぞれ使用した反応産物を，電気泳動によって分離し一塩基の解像度で並べて比較することによって，目的とする鋳型DNAの塩基配列を決定することができる．古くはポリアクリルアミドゲル電気泳動により反応産物を分離し，放射性同位体標識したデオキシリボヌクレオチドを利用したオートラジオグラフィによって塩基配列の解析をしていたが，その後蛍光標識技術の利用やキャピラリー電気泳動を組み合わせることにより塩基配列決定はより簡便に行えるようになった．

なお，PCRで用いるような熱耐性のあるDNAポリメレースをジデオキシ法で使用すると，高温でDNA二本鎖を解離し再びシークエンス反応の鋳型として利用できるため，比較的少ないDNAサンプルの塩基配列決定も可能となる．この方法をサイクルシークエンス法と呼ぶ．ただし，サイクルシークエンス法では標的配列に特異的なプライマー1種類を起点として反応を行うため，通常のPCRの1サイクル目に相当する反応を複数回続けるだけである．そのため，反応産物量はサイクル数に比例するだけで，通常のPCRのように指数関数的に産物が増加するわけではない．

近年では次世代シークエンシングと呼ばれる発展技術により，さらに大量のサンプルの塩基配列を迅速に決定できるようになってきた．SARS-CoV-2の変異系統の追跡でも次世代シークエンサーが活躍している．個人のゲノム配列を10万円ほどで決定できるようになったのは，次世代シークエンサーのおかげである．

11.5.2　エチジウムブロマイドの危険性と取り扱い

エチジウムブロマイド（EB，図11.8）は2本鎖DNAの塩基対の間に強く結合し（インターカレーション：inter-calation），紫外線をあてると赤色の蛍光を発する．蛍光は比較的強く，微量の核酸を検出できることから，ゲル電気泳動後の確認などに広く用いられている．しかし，DNAに強く結合することか

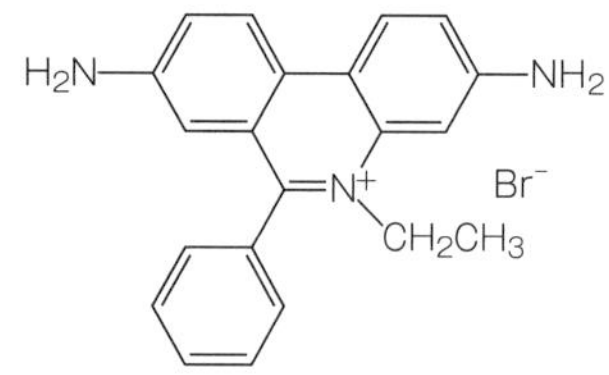

図 11.8　エチジウムブロマイド (ethidium bromide, EB)

ら，必然的に変異原性（遺伝形質を変異させる性質）を持つ物質であり，取り扱いには注意を要する．

EB は強い変異原性をもっているほか，発ガン性をもつ可能性が指摘されている．また，皮膚，眼などに対して刺激性である．したがって，1〜6 のとおり注意する．

1. 扱いに際しては使い捨て手袋，白衣を着用すること．
2. 粉末の EB はドラフト内でのみ扱うこと．
3. EB 溶液を使用場所から持ち出さないこと．
4. 使用済みの溶液，および染色済みのゲルは所定の方法で処理し，決して流しやゴミ箱に捨てないこと．
5. 万一皮膚に付着した場合には，直ちにせっけんを使い大量の水で洗い流すこと．
6. 溶液をこぼした場合には，除染液[13] をペーパータオルにしみ込ませて，完全に拭き取り，そのあと水で絞ったペーパータオルで十分に拭き取ること．拭き取った後は紫外線ライトを当てて除去を確認すること．

[13] 4.2 g の $NaNO_2$ と 20 mL のリン酸 (50%) を，全量で 300 mL になるよう水で希釈する．

EB の処理には，従来，過塩素酸や過マンガン酸で酸化処理する方法がとられてきたが，酸化生成物はいわゆるハロゲン化芳香族化合物であり，環境中に放出することは好ましくない．現在最も安全な処理法は高温で焼却することである．この実験で出た EB 廃棄物は，液体のものは廃液処理センターで処理し，固体のものは回収業者に委託して処分している．

11.5.3　試薬類の調製

以下は，主として試薬類の準備にあたる TA，スタッフのためのメモである．以下のような大量の準備作業があって初めて，学生実験の限られた時間内で結果が得られるのである．

(1)　使用試薬

- 10 mM dNTP 混合溶液：10 mM dNTP mix (N0447S, New England Biolabs)
- *Taq* DNA polymerase：*Taq* DNA polymerase with ThermoPol Buffer (5 U/μL, M0267, New England Biolabs).

- 電気泳動用 DNA マーカー：GeneRuler 100 bp Plus DNA Ladder (0.5 mg/mL, #SM0322, Thermo Fisher Scientific). 製品は 1 レーンあたり 6 μL を流すように調整されるので，これに 50% glycerol を加えて，レーンあたり 10 μL を流せるように増量する.
- アガロースゲル：TAE buffer に対して 1.5% (w/v) のアガロースを溶解する．予備及び次の実験に必要な分を見込んで作成する．作成したゲル板は，ゲルメーカー板ごと TAE に漬して冷蔵庫で保存する.
- 電気泳動用緩衝液：TAE buffer である．50× として作成する．Tris 121 g, EDTA·2Na·2H_2O 18.6 g を 300 mL の純水で溶かし，氷酢酸で pH を 7.5 に調製してから，純水を加えて 500 mL にする．使用前に，これを純水で 50 倍に希釈して用いる．市販されている電気泳動用緩衝液（50×TAE, ニッポンジーン 313-90035）を使用することもできる.
- 電気泳動用色素溶液：ブロムフェノールブルー (BPB) 21 mg, キシレンシアノール (XC) 21 mg, グリセロール 5g を純水に溶かし，全量を 10 mL とし，4℃で保存する．DNA 溶液の 10 分の 1 量を加える.
- エチジウムブロマイド染色液：1 mg/mL，あるいは 10 mg/mL の市販の EB 溶液を使用する．染色液は，1.0 μg/mL に調製する．300 mL の TAE buffer に対して，1 mg/mL の製品なら 300 μL，10 mg/mL のものなら 30 μL を加える.

V 生命

(2)　ゲノム DNA stock solution の調製

- Human genomic DNA (Clontech (TaKaRa) Z6401N), 100 μg
- Mouse genomic DNA (Clontech (TaKaRa) Z6402N), 100 μg
- Rat genomic DNA (Clontech (TaKaRa) Z6404N), 100 μg
- Zebrafish genomic DNA (Zyagen GZ-270), 50 μg

タカラの製品は溶液 (100 ng/μL) になっている．Zyagen 製品は 50 μg ゲノム DNA に TE 緩衝液 500 μL を加えて，55℃で約 2 日間ゆっくり振とうしながら溶解し，100 ng/μL の DNA 溶液とする．いずれも 4℃で 1 年間保存できる．PCR の鋳型に使用する際には，これを 2.5 ng/μL に希釈して用いる.

(3)　primer stock solution の調製

所定の配列で DNA 合成を発注する．届いた DNA は，オートクレーブ処理純水に溶解し，1 mM (1000 pmol/μL) の溶液として冷凍庫で保存する．使用する際にはこれを 10 倍に希釈する (100 μM，100 pmol/μL).

(4)　PCR の鋳型 DNA 溶液の調製法

ゲノム DNA を鋳型として用いた PCR を行い，エチジウムブロマイド染色により検出できる DNA 量を増幅するためには，普通 30〜40 サイクルの PCR 反応が必要で，約 3 時間を要する．しかし，この実験は，ゲノム DNA を鋳型とする PCR を行うための十分な時間がない．そこで，あらかじめ PCR 法で増幅した DNA 断片を精製したものを，鋳型 DNA として用いることにする．

この鋳型 DNA を調製するために，ヒト，マウス，ラット，ゼブラフィッシュの 4 種類のゲノム DNA を鋳型とした PCR を行い，増幅された DNA 断片を限外ろ過法により精製する．

1. Reaction mixture の調製．表 11.3 に reaction mixture 組成を示す．

表 11.3　鋳型 DNA 作成用 PCR 反応液

試薬	容量 (μL)
ゲノム DNA (2.5 ng/μL)	10
10 × *Taq* DNA polymerase buffer	10
10 mM dNTP	2
H_2O	57.6
100 μM primer	20
Taq DNA polymerase	0.4
total	100

2. PCR 条件．95 ℃：3 min −(94 ℃ ：45 s − 40 ℃ ：2 min −72 ℃ ：2 min) × 34 cycle − 72 ℃：2 min
3. PCR 産物を電気泳動して目的の DNA 断片が得られていることを確認する．
4. PCR 産物の精製．PCR を終えた反応液は TaKaRa SUPREC-PCR などの DNA 精製フィルターを用いて精製する（精製操作はフィルター製品のマニュアルに従う）．
5. 精製した PCR 産物を純水で希釈して実験用の鋳型 DNA 溶液とする．10，20，40 倍程度に希釈して実験 1 の条件で PCR を行い，電気泳動で増幅状態を確認して最適な希釈率を決定する．

参考文献

[1] 「細胞の分子生物学 第 6 版」Bruce Alberts 他（著），中村 桂子，松原 謙一（監訳），ニュートンプレス (2017).

[2] 「Essential 細胞生物学　原書第 5 版」中村桂子，松原謙一，榊佳之，水島昇（監訳），南江堂 (2021).

オンライン教材

- 分子生物学基礎実験器具・技術．実験前に見ておくべきである．
  http://jikken.ihe.tohoku.ac.jp/science/advice/molecular_biology.html

- グラフの描き方
  http://jikken.ihe.tohoku.ac.jp/science/advice/make-graphs.html

- 片対数方眼紙の使い方
  http://jikken.ihe.tohoku.ac.jp/science/advice/use-graph-paper.html

- よくある質問と答え (FAQ)，課題 11 についての質問
  http://jikken.ihe.tohoku.ac.jp/science/faq/index.html#kadai11

波の回折による物体の構造の解析

● 課題の概要 ●

波の回折による物体の構造解析を体験する．まず物体に可視光を当てて得られる回折パターンから，物体の構造を定量的に求めることに挑戦する．さらに追加実験ではDNAに見立てたらせん構造に可視光を当て，その回折パターンを観察することで，フランクリンの“Photo51”を追体験する．そして波の回折や干渉が，普遍性と現代性を持つ現象であることを体験してほしい．

12.1 はじめに

12.1.1 DNAの二重らせん構造

生体は様々な分子によって構築されている．なかでも核酸，タンパク質あるいは多糖類のような**生体高分子**は，生命を特徴付ける分子である．生体高分子の機能と構造には密接な関係がある．例えば，**DNA**による遺伝現象はその二重らせん構造と密接に関連している．またタンパク質や，その合成に関わるトランスファーRNA (tRNA)，リボソームRNA (rRNA) などいくつかのRNAは，ポリペプチド鎖，あるいはポリヌクレオチド鎖が複雑に折れ曲がって特有の立体構造をとっており，この立体構造が触媒や特定の分子との結合など分子機能を実現している．したがって，生体機能を分子レベルで理解するためには，これら生体高分子の立体構造を知ることが不可欠である．この知識を応用すると，特定の生体分子と特異的に結合する分子を設計することが可能となる．医学，薬学，農学での応用は分子創薬として盛んに行われており，例えばがん細胞に特有の分子機能を阻害する薬物（分子標的薬）は新世代の抗がん剤としてすでに実用化されはじめている．

核酸やタンパク質の立体構造の解明は1950年代に始まった．1950年，英国ロンドン大学キングス・カレッジに在籍していたフランクリン (Rosalind E. Franklin, 1920-1958) は，DNAの繊維に**X線**を当ててその回折像を得る実験に携わっていた．1953年にフランクリンは，大学院生であったゴスリン (Raymond G. Gosling, 1926-2015) とともに，のちに“Photo51”と呼ばれる非常に明瞭な回折像（図12.1)[1] を撮影する．この回折像はDNAが**らせん構造**をとっていることを強く示唆するものであった．

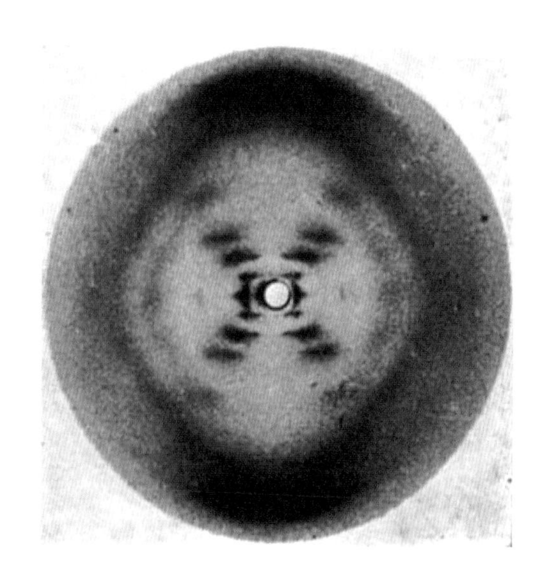

図 12.1 フランクリンとゴスリンによって撮影された "Photo51". International Union of Crystallography からの許可を得て転載.

同年, 英国ケンブリッジにある MRC 分子生物学研究所 (Medical Research Council, Laboratory of Molecular Biology) に在籍していたワトソン (James D. Watson, 1928-) とクリック (Francis H. C. Crick, 1916-2004) は, この写真を重要な手がかりとして, DNA の二重らせん構造の理論モデルを発表した (DNA の分子構造については課題 11 を参照せよ). これは現代に続く分子生物学での最も重要な発見の一つであり, 1962 年, ワトソンとクリックは, フランクリンの上司であったウィルキンス (Maurice H. F. Wilkins, 1916-2004) とともに, ノーベル生理学・医学賞を受賞した[1].

12.1.2 構造解析による構造生物学

DNA の構造解析と同時期に, タンパク質の立体構造の解明も, 同じケンブリッジで進んでいた. ワトソンとクリックと同様に MRC 研究所に籍を置いていたケンドリュー (Sir John C. Kendrew, 1917-1997) は, 筋肉中に含まれる酸素結合タンパク質であるミオグロビンの結晶に X 線を当て, その回折像を解析していた. ケンドリューが所属する研究部門の長であったペルーツ (Max F. Perutz, 1914-2002) は, 回折パターン解析の際の位相問題[2] を, 重元素の付加によって解決する方法を見出した. 1957 年には 0.6 nm の解像度で電子密度マップを構築し, 1959 年には 0.2 nm の解像度で原子配置モデルを得ることができた. この功績によりケンドリューとペルーツは 1962 年, つまりワトソンとクリックとウィルキンスが生理学・医学賞を受賞したのと同じ年に, ノーベル化学賞を受賞している. ケンブリッジで花開いた生体高分子の結晶構造学は 20 世紀後半に世界中へと広がり, 新たな分子の構造が次々と解明されていった.

現在では, タンパク質を中心とした生体高分子の立体構造を決定し, その機

[1] フランクリンはがんのため 1958 年に 37 歳で没していた. フランクリンの発がんは実験中に浴びた X 線が要因という説もある. DNA 構造解明へのフランクリンの貢献は長いあいだ過小評価されていたが, 今世紀に入り, 当時の史料の解明が進み, 彼女の伝記が出版されるなど名誉回復が進んだ. 現在ではその貢献は高く評価されている.

[2] 結晶構造解析では回折像を三角関数の線形結合で合成する (フーリエ級数). このとき異なる三角関数のあいだで位相を一致させる必要があるが, 回折像ではこの位相に関する情報が失われている. そもそも X 線回折像は X 線と電子が相互作用することでうまれる. 何千もの電子が存在するタンパク質のような巨大分子からの回折像で位相をどのように決定するかが, 初期の X 線結晶構造解析の最大の難関であった.

能との関係を考察する分野は**構造生物学** (Structural Biology) と呼ばれ，生物物理学の主要な一分野となっている．解明された立体構造は Protein Data Bank(PDB)[3] と呼ばれるデータベースに蓄積されており，誰でも自由に利用できる（課題 11 の図 11.1(A) は PDB のデータを元に描かれている）．2023 年 10 月 19 日現在，PDB には 210,836 件（うちタンパク質 206,422 件，DNA10,383 件，RNA7,186 件，核酸タンパク質複合体など 269 件）の構造が登録されており[4]，その 85%あまりが X 線結晶構造解析によって得られたものである[5]．X 線結晶構造解析には位相の揃った強力な X 線が必要であり，粒子加速器（シンクロトロン）から得られる**放射光**はこの用途に非常に適している．青葉山新キャンパスで今年度から運用開始される次世代放射光施設 (NanoTerasu, ナノテラス) も，構造生物学に大きな貢献をすることが期待されている．

3) https://www.rcsb.org/

4) 約 2 年前の 2021 年 11 月 9 日には 183,793 件（うちタンパク質 179,885 件，DNA 8,652 件，RNA 5,690 件，核酸タンパク質複合体 222 件）であった．その 87%あまりが X 線結晶構造解析によって得られたものであった．

5) 近年，タンパク質の溶液を急速に凍結して得られた試料の電子顕微鏡像をもとに，タンパク質粒子の像を多数重ね合わせることでその立体構造を解明する手法：クライオ電子顕微鏡法（低温電子顕微鏡法，Cryo-electron microscopy）が，結晶を作らなくてもよいことから急速に普及してきている．COVID-19 パンデミックでたびたび目にするようになった SARS-CoV2 粒子や，そのスパイクタンパク質の構造はクライオ電子顕微鏡法で決定されたものである．

一方で，生体高分子の構造を解析するための強力な X 線は，人体に対して有害である．そこで波の回折による物体の構造解析を体験する本課題では，X 線ではなく，同じ電磁波でも，より波長の長い**可視光**を用いる．可視光は比較的安全のみならず，測定や観察の結果が直観的に理解しやすく，そのまま物理的解釈に直結する．またその名の通り人間の目に見えるため，扱いやすい点でも有利である．本課題では可視光を物体に当てて得られる回折パターンから，物体の構造（分子構造ではない）を定量的に求める．さらに追加実験では DNA に見立てたらせん構造に可視光を当て，その回折パターンを観察することで，フランクリンの “Photo51” を追体験する．そして波の回折や干渉が，普遍性と現代性を持つ現象であることを体験する．

12.1.3　波の回折

想像してみよう．あなたが，ある未知の物質を前にして，その性質を知りたいとき，何をすればよいだろうか．物質の性質（物性）や機能は，その構造によって変化する．よって未知の物質の性質を知りたいときには，その構造を調べることが必要である．「百聞は一見に如かず」という言葉のとおり，私たちはものの構造を直接に目で見て理解することが多い．では肉眼で見えないもの，例えば DNA のような極めて微小なものの構造（形状）は，どのように解明すればよいだろうか．そこでは光など波の回折が使われる．

真夏の暑い日に街を歩いていると，思わずビルの陰に駆け込んで一息つくことがあるだろう．日陰は，太陽からの直射日光（可視光）がビルの裏側まで回り込まないことから生まれる．一方で，ビルの陰であっても携帯電話での通話は可能だ．つまり携帯電話で使用する電波（マイクロ波）は，ビルの裏側まで回り込むようだ．波が遮蔽物の向こう側に回り込む現象は**回折**と呼ばれる[6]．可視光もマイクロ波も，波長の長さが違うだけで，その正体は同じ**電磁波**である．それなのに，この回折するかしないかの違いはどこから来るのだろう．本課題で実験を行ったのちには，その答えが見つかるだろう．それに先立って，まずは波の回折をホイヘンスの原理を使って直観的に理解しておこう．

6) 波には光などの横波と音などの縦波がある．ここでは横波である光（電磁波）の話をするが，回折は縦波であろうと横波であろうと観察される普遍的な現象である．

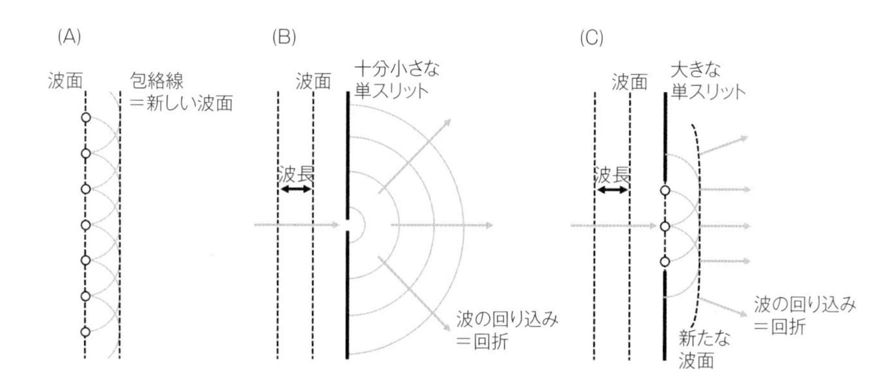

図 12.2　ホイヘンスの原理による波の回折．(A) 伝搬する波を上から眺めた様子．2 次波の包絡線で次の波面が形成される．(B) 波長に比べて十分小さな開口（スリット）に入射した場合．スリットから広く拡がって放射状に波が伝搬する．(C) 波長と比較してある程度の大きさを持った有限スリットの場合．波動が少し拡がり，遮蔽物の裏にも波が回り込む．

実際の実験は 3 次元空間で行われるが，ここでは簡単のため，2 次元空間での波の伝搬を考える．入射する波としては，伝搬方向に垂直な面内では場（光の場合は電場や磁場）が一様な平面波を考える．図 12.2(A) は伝搬する波を上から眺めた様子である．図 12.2(A) のような波面（波の位相が等しい面、等位相面とも言う）があるとき，波面上の任意の点，例えば白点から波（正確には円筒波）が放射されると考える．この仮想的な波を 2 次波と呼ぼう．ある時間が経過すると，図 12.2(A) のように各点から無数の 2 次波（灰色の線）が放射される．そしてそれらが接する面（包絡線）が形成される．これがその時点での波面となる．これが**ホイヘンスの原理** (Christiaan Huygens, 1629-1695) である．

このような波を，開口（**スリット**）に入射した場合を考える．本課題を通じて常に意識してほしいことの一つは，スリット幅など構造と波の波長の大小関係である．いまスリットの幅が，波長に比べて十分に小さい場合は，図 12.2(B) のようになる．すなわちスリットの幅が波長と比較して小さいため，2 次波はほぼ一点から放射される．その結果，スリットから広く拡がって放射状に波が伝搬すると予想される．波が障害物を回り込むこの現象を，波の回折と呼ぶ．

では図 12.2(C) のように，波長に比べてある程度の大きさ（幅）を持ったスリット（ここでは有限幅スリットと呼ぶ）では，どうなるだろうか．この場合はスリット内のすべての点から 2 次波が放射されるため，伝搬の様子は異なると予想される．具体的には，スリットの中心付近では，図 12.2(A) と同様に 2 次波の包絡面（波面）は平面状になる．ところがスリットの端では，開口していない部分（遮蔽された部分）からの 2 次波の寄与がないために，図 12.2(C) のように波面が曲がり，波動が少し拡がることがわかるだろう．これにより遮蔽物の裏にも波が回り込むことになる．これが有限幅単スリットによる波の回折に対する，ホイヘンスの原理を用いた直観的な理解である[7]．

[7] これまでの説明では，光など電磁波は陽には現れず，波だけを前提としていることに注目してほしい．つまり回折はあらゆる波動現象で起こる普遍的な現象である．実際，今回想定している十分遠方での回折は，フラウンフォーファー回折 (Joseph R. von Fraunhofer, 1787-1826) と呼ばれ，X 線や可視光など電磁波のみならず，電子線の回折でも見られる．フラウンフォーファー回折では，試料物体の像のフーリエ変換 (Jean-Baptiste Joseph Fourier, 1768-1830) が回折パターンとなる．試料物体のある空間を実空間（長さの次元を持つ）と呼び，回折パターンで表される空間は，長さの逆数の次元を持つ逆空間（または波数空間）と呼ばれる．逆空間での回折パターンを逆フーリエ変換すると，実空間での試料物体の形や構造が得られる．

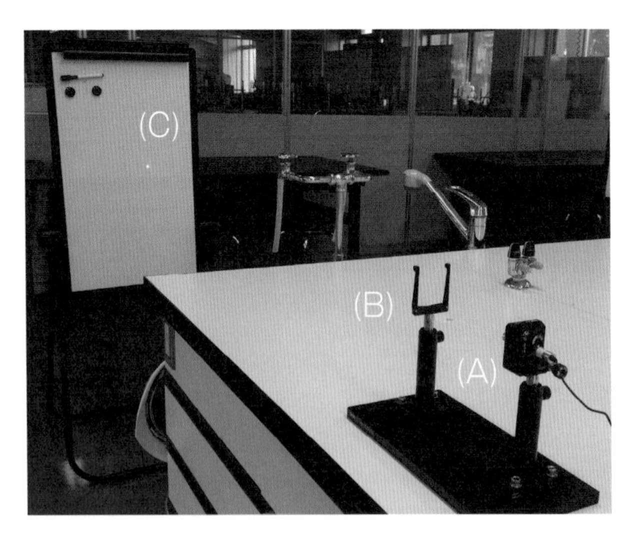

図 12.3　実験のセットアップ．(A) 光源である半導体レーザー，(B) 試料ホルダ，(C) 回折像を映すためのスクリーン（ホワイトボード）．

12.2 準備 細線による光の回折

ここでは半導体レーザーからの光を，様々な細線で回折させてみる．まずは細線による光の回折を実際に体験してみよう．論より証拠，何が見えるだろう．その後，実験条件を決めるための予備実験を行う．

12.2.1　主な器具と材料

- 光源：半導体レーザー（ソーラボ社製 PL201 もしくは PL202）：図 12.3 の (A)
- 試料ホルダ：図 12.3 の (B)
- スクリーン：ホワイトボード：図 12.3 の (C)
- 試料固定用アクリル枠
- 実験で用いる試料（この中から 3 つを使って実験する）：1. シャープペンシルの芯，2-1. と 2-2. 金属細線，3. 髪の毛（自分や周りのひとのもの，長さ 2cm 程度を 1 本）
- バネ
- メジャー
- デジタルノギス
- 光学顕微鏡

12.2.2　試料の準備

上で示した，主な器具と材料が実験台に揃っていることを確認する．試料 1：

シャープペンシルの芯，試料 2-1 もしくは 2-2：金属細線，試料 3：髪の毛のなかから，測定する試料を 3 つ選ぶ．選んだ 3 つの試料を，テープを用いてアクリル枠に固定する．このとき，後ほどレーザー光を照射することを想定し，試料の間隔に配慮すること．また，テープに試料名を書いておくとわかりやすく便利である．

12.2.3　測定系の構築

本課題ではレーザーを使って実験する．

注意！

決して，レーザー光を直接目に入れないように注意する．自分だけでなく，共同実験者，周りで実験している同級生，TA，教員の安全にも配慮すること．

なお使用している半導体レーザーは，出力が 0.9 mW であり，国際電気標準会議 (IEC) により規定されたレーザー安全性クラスでは，レーザーポインターと同様のクラス 2 に分類される．クラス 2 のレーザーは，瞬目反射によって露光が 0.25 秒までに制限されるので，安全と判断されている．しかしながら本実験では，さらなる安全のため，レーザー電源がオンの間は，保護メガネを着用することを基本とする．またレーザー光が不要の場合は，電源をオフにしておくことが望ましい．

光学部品が載ったブレッドボードと，スクリーンの役目をするホワイトボードを適切な位置に置く．半導体レーザー（図 12.3(A)）の電源をオンし，発振させる．レーザーの光が当たるように，スクリーン（図 12.3(C)）の位置を調節する．一度，レーザーの電源をオフにする．

12.2.4　光の回折パターンの観察

試料を固定したアクリル枠を，試料ホルダ（図 12.3(B)）にセットする．試料からスクリーン（図 12.3(C)）までの距離は任意である．再びレーザーの電源をオンにして，3 つある試料のひとつにレーザー光を照射する．スクリーンに映るパターンを見ながら，回折パターンが得られるように，試料やレーザー光照射の位置を調節する．どういうパターンが見られるだろう．

12.2.5　予備実験

試料の種類や位置，レーザーを照射する試料の位置，試料とスクリーンの間の距離などを変えながら，どのようにすれば明瞭な回折パターンが得られるかを試行錯誤する．必要であれば，試料を交換してもよい．

V 生命

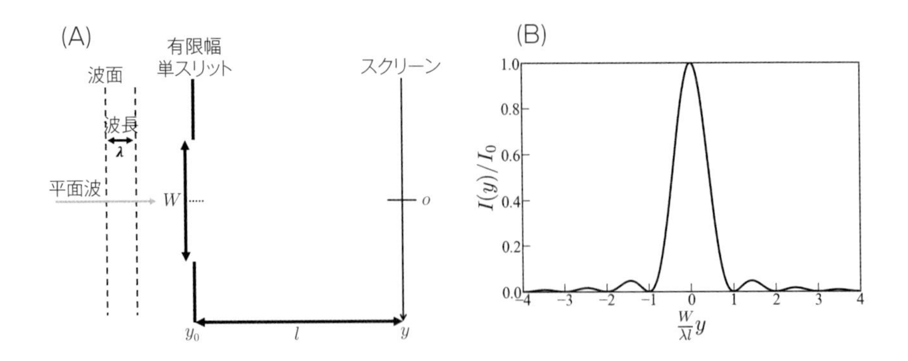

図 12.4　有限幅スリットによる波の回折．(A) 設定と (B) スクリーンで観察される回折パターン．

12.3　実験 1　細線直径の見積り

細線での回折パターンは，同じ幅を持った有限幅スリットでの回折パターンと一致することが知られている．これはバビネの原理[8] (Jacques Babinet, 1794-1872) と呼ばれる．実験で観測された細線の回折パターンから，細線の直径を見積もることがこの実験 1 の目的である．得られた結果と，別途，デジタルノギスおよび光学顕微鏡で測定した細線の直径を比較し議論する．

[8] 互いに相補的（透明部分と不透明部分が逆転）な 2 つの遮蔽物による回折光の強度は，集束点以外では等しくなる．つまり回折パターンが一致する．これは，一方の遮蔽物による回折光の電場 E に対して，相補的な遮蔽物による回折光電場が $-E$ となり，観測される光強度 $|E|^2$ が同じになるからである．

12.3.1　理論

(1)　有限幅単スリットによる波の回折

有限幅スリットでの回折によって波がどれくらい拡がるのか，波の強度まで含めて考えよう．図 12.4(A) に示すように，波長 λ よりも大きな幅 W を持つ有限幅スリットが単独で存在する場合の波の回折を考える．スリットからスクリーンまでの距離を l とする．図 12.2(C) で見たホイヘンスの原理に基づいて，スリット内を微小領域に分割し，その各々から発生した波が重ね合わされてスクリーン上に投影される，と考えることができる．スクリーンに沿って y 軸を導入し，スリット中心に正対する原点 O からの距離を y とする．

この場合，スクリーン上の位置 y での波の強度 $I(y)$ は，

$$I(y) \propto \frac{\sin^2(\frac{\pi W}{\lambda l}y)}{(\frac{\pi W}{\lambda l}y)^2} = \mathrm{sinc}^2\left(\frac{\pi W}{\lambda l}y\right) \tag{12.1}$$

で表される．ただし $\mathrm{sinc}x = \frac{\sin x}{x}$ と定義した（詳細は 12.6.3 項を参照せよ）．なお数式中の記号 $\propto$ は比例を意味する．図 12.4(B) には，波の回折パターンがスクリーン上でどのように現れるのかを示す．より正確には式 (12.1) で表される $I(y)$ を，もとの波の強度 I_0 で割ったものが，$\frac{W}{\lambda l}y$ によってどう変化するかを示している．スクリーンの中心 $O(y=0)$ では，強め合いの干渉が起こるので，波の強度は極大の値をとる．一方で，$y = \frac{\lambda l}{W} = y_1$ の場所では完全な弱め

合いの干渉が起こり，波の強度が 0（暗線）となる．以下ではこの位置を y_1 と呼ぶ．このことは言葉を替えると，波は有限スリットによる回折で，おおよそ $y_1 = \frac{\lambda l}{W}$ 程度広がっていることを意味している．これを拡がり角 θ として定義すると

$$\tan\theta = \frac{y_1}{l} = \frac{\lambda}{W} \tag{12.2}$$

となる．つまりスリット幅 W に対して，波長 λ が大きいほど回折による拡がり角 θ も大きくなることがわかる[9]．

一方で，もし λ が既知であり，y_1 と l が観察や測定で実験的に得られる場合，有限幅スリットの幅 W は

$$W = \frac{\lambda l}{y_1} \tag{12.3}$$

で求まることになる．図 12.4(B) で示すとおり，y_1 の外側でも，干渉効果で，強度が空間的に振動し，y_1 の周期で暗線が繰り返される．今回の実験では図 12.4B のような回折パターンに，式 (12.3) を適用して，回折に寄与した細線（金属線や髪の毛など）の幅を求めることになる．

[9] 有限幅スリットでの回折は，望遠鏡や顕微鏡の角度分解能（分解角）にも関係する．式 (12.2) は平行光線でも開口 W の遮蔽板を通過すると $\tan\theta = \lambda/W$ 程度拡がってしまうことを意味する．するとこの回折角 θ 以下の角度の違いは，開口を通った後は認識できないことになる．特に遠方の天体を観測する際には，この角度分解能が重要になる．よって解像度の高い天体観測では回折角 θ を小さくする必要があり，そのためには開口 W を大きくとらないといけない．これが大口径の望遠鏡が使われる理由である．
例えば米国ハワイにあるすばる望遠鏡は口径が 8.2m ある．またブラックホールの影の撮影に成功した Event Horizon Telescope: EHT は，超長基線電波干渉計 (Very Long Baseline Interferometer: VLBI) と呼ばれる手法を用いている．これは地球各地に存在する複数の電波望遠鏡を繋ぐことで，望遠鏡同士の間隔（基線長）と等価な口径を持つ巨大電波望遠鏡を仮想的に形成する技術である．これにより，すばる望遠鏡の 100 倍以上という圧倒的な解像度を実現している．
この開口という概念は，課題 10「細胞」の 10.2 節でも開口数 N.A. (numerical aperture) として登場し，光学顕微鏡の分解能（見分けることができる 2 点間の最小距離）を決める重要な要素となっている．

12.3.2 実験方法

(1) 主な器具と材料

12.2 節の準備と同じ器具と材料を用いる．

(2) 表の作成

表 12.1 の枠を実験ノートに書く．テキスト中の表 12.1 にデータを直接書き込んではならない．

表 12.1 実験結果のまとめ.

	本番測定 1	本番測定 2	本番測定 3
試料名			
回折パターンでの暗線間の距離 y_1 (m)			
回折パターンから見積もった直径 W_d (m)			
デジタルノギスで測定した直径 W_n (m)			
光学顕微鏡で測定した直径 W_m (m)			
試料とスクリーンの距離 l (m)			
レーザーの波長 λ (m)			

(3) 本番測定

予備実験で明瞭な回折パターンが得られるようになった実験条件で，本番測定を行う．マグネットバーを用いて，スクリーンにグラフ用紙（方眼紙）を固

V 生命

定する．以下，グラフ用紙に記録する際には用意してある鉛筆を使用する．ペンを使った場合は反射や散乱によって，レーザー光が目に入る危険性がある．半導体レーザーからの光を，それぞれの試料に当てて回折させる．回折パターンをグラフ用紙に鉛筆で記録する．グラフ用紙に記入した回折パターンの，暗線間の距離を見積もる．このとき何をどのように測り，どのように暗線間の距離を見積もったかを，ノートとレポートには明記すること．

(4)　実験結果の整理

1. グラフ用紙に記録した回折パターンから暗線間の距離 y_1 を読み取り，試料名と共に実験ノートの表に記入する．
2. スクリーンから試料までの距離距離 l をメジャーを用いて測定し，表に記入する．
3. 以上を 3 つの試料で繰り返し，結果を実験ノートに手書きで，表にまとめる．数値データは，レポート執筆の原資となるのみならず，あなたがその実験を確かに実施した証拠ともなる大切なものである．よって必ずノートに記録すること．
4. デジタルノギスを用いて，実験で用いた各細線試料の直径 W_n を測定し，表に記入する．
5. 光学顕微鏡を用いて，実験で用いた各細線試料の直径 W_m を測定し，表に記入する．光学顕微鏡の使用方法は課題 10 を参照せよ．
6. 最後にこの表を TA に確認してもらう．その際に使用したレーザーの波長 λ を確認し，表に記入する．

12.3.3　実験結果の解析とレポート作成

式 (12.3) を用いて実験結果を解析し，回折パターンの暗線間の距離から細線の直径 W_d を実験時間内に見積もる．表 12.1 を完成させる．見積もった結果と，光学顕微鏡やデジタルノギスで直接測定した細線の直径（W_m や W_n）を比較する．3 つの結果が一致しているかどうか，一致していない場合はなぜ一致しないのかを考える．この考察には正解はないので，実験の内容を反芻し，各自の考えを述べればよい．

1 週目の実験はここまでである．ノートに完成させた表 12.1 を，次回の実験までにレポートフォーマットに電子化しておくこと．さらに以下の 12.5 節を参照しながら，考察の直前までレポートを完成させておく．

12.4　実験 2　らせん構造による光の回折

バネによる可視光の回折パターンを観察し，それがどのように生み出され，何を意味するのかを理解することを目指す．バネを DNA と見立て，レーザー光を X 線と見立てることで，ロザリンド・フランクリンらによって撮影された "Photo51" を追体験する．

12.4.1 実験方法

(1) 試料の準備

バネを，アクリル枠にテープで固定する．アクリル枠を試料ホルダに固定する．

(2) 回折パターンの観察

バネにレーザー光を照射し，スクリーンに回折パターンを映す．このとき，レーザービーム径にバネの細線が 2 本程度入ると，明瞭なパターンが得られる．

(3) 実験結果の考察

スクリーンに映った回折パターンを観察する．なぜこのような回折パターンが得られたのかを考える．

12.5 レポートの作成

12.5.1 執筆に際して注意する事項

レポートには 2 つの役割がある．1 つは自らが行った実験を記録すること，2 つ目は他者がそれを読めば実験を再現できることである．レポート執筆の際には，これらの役割を果たすために必要十分な内容・情報を選択することが原則である．したがって，項目ごとに記載する必要の有無などをよく考えて書くことが肝要である．

また，グラフや図，表には必ず図表番号とキャプション（図表のタイトルと説明）をつけること．具体的には，図 1，図 2，表 1，表 2…などと番号を振り，その説明（キャプション）を短く記述する．グラフの各軸には何の量を示しているか，軸ラベルと量の単位を入れる．表にする数値は有効数字を考えて適宜丸めること．知識の少ない段階では，データを見て考えるだけで考察することは難しい．文献調査などの資料調べも大切である．

12.5.2 レポートに記載する事項

レポートには，実験 1 に関してのみ記載する．実験 2 に関しては記載する必要はない．レポートに枚数制限（上限，下限）はない．

(1) 序論： 背景・動機・理論

1. 背景：今回の実験にはどのような背景があるか.
2. 動機：なぜ今回の実験を行ったか，実験の目的は何か.
3. 理論：有限幅単スリットによる波の回折の式 (12.3) と，そこへ至る過程を要約して記述する.

(2) 実験方法

1. 予備実験と実験 1 の方法を文章で書く（箇条書きは不可）.
2. 可能であれば用いた主な装置の名称・型式（装置が特定できる情報）も含める.
3. 試料に関する情報も含める.

(3) 結果

1. 実験で回折パターンを記録したグラフ用紙を撮影またはスキャンして，図としてレポートに挿入する.
2. 図から読み取れることを自らの文章で説明する.
3. 細線を用いた回折実験の結果をまとめた実験ノートの表を，表にしてレポートに示す.
4. 表から読み取れることを自らの文章で説明する.

(4) 考察

1. 回折実験の結果から見積もった細線の直径と，デジタルノギスおよび光学顕微鏡で直接測定した結果を比較する.
2. 3 つの結果が一致しているかどうかを議論する.
3. もし一致していない場合は，その原因として考えられることを考察する.

(5) 必須問題（全員解答すること）

ある構造に波長 $\lambda = 633$ nm の可視光を照射し，距離 $l = 3.0$ m にあるスクリーンで図 12.5 のような回折パターンが得られた．実空間でどのような構造であったかを，図を描いて示せ．図はコンピュータ上で描いてもよいし，手描きの図の写真を貼ってもよい.

(6) 発展的問題（解答は任意である．ただし解答した内容は評価において考慮する）

ロザリンド・フランクリンらによる “Photo51” をめぐる歴史的経緯について調べ，考えたことを述べよ.

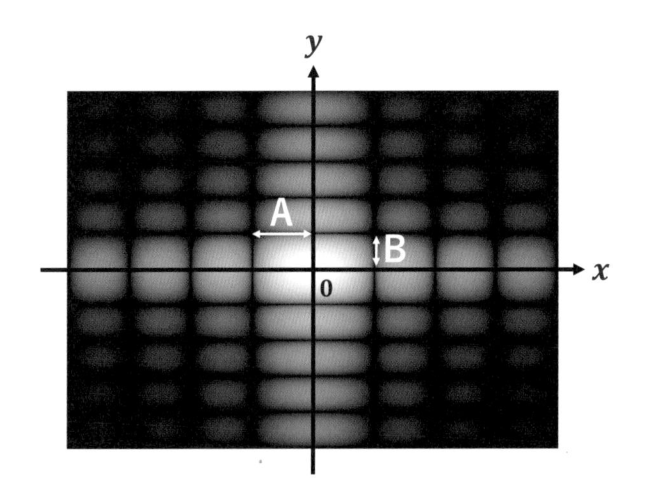

図 12.5 必須問題で解析する回折パターン．A = 15 mm，B = 8.5 mm の場合，波長 $\lambda = 633$ nm，距離 $l = 3.0$ m として解析せよ．なおこの図の白黒はコントラストをつけて見やすくするために，対数表示してある．

12.6 発展

12.6.1 二重スリットでの回折

波長に比べて十分小さな幅を持つスリットを 2 つ，波長程度の間隔で並べた二重スリットでの波の回折を考えてみよう．これは，みなさんもどこかで聞いたことがあるかもしれないほど有名な回折実験，ヤング (Thomas Young, 1773-1829) による光を用いた二重スリットの実験と同じ設定である．いま図 12.6(A) のように波長を λ，二つのスリットの間隔を d とする．スリット面から距離 l にスクリーンを設置する．スリットから同心円状に波面が拡がるので，図 12.6(A) の実線や破線のような波面を形成する．ここで実線と破線は波の位相が 180 度（弧度法では π）だけ位相が異なる．このとき，2 つの回折波でそれぞれによる波面が交わる箇所がある（○や●）。実線同士もしくは破線同士の交点（○）では波は強め合い，一方，実線と破線の交点（●）では弱めあうような干渉が起きる．その結果，l が d に比べて十分大きい ($l \gg d$) とスクリーン上で等間隔の干渉縞が観察される．

具体的には，図 12.6(A) のようにスクリーンに沿って y 軸を導入し，二重スリットの中間地点に正対するスクリーン上の点 O からの距離を y とする．すると二重スリットによる回折波の強度は

$$I \propto 1 + \cos\left(\frac{2\pi}{\lambda}\frac{d}{l}y\right) \tag{12.4}$$

で与えられることが知られている．ここでは結果だけを示したので，詳細は次の 12.6.2 項を参照してほしい．$y = 0$ の位置に波の強め合いによる明線があり，そこから

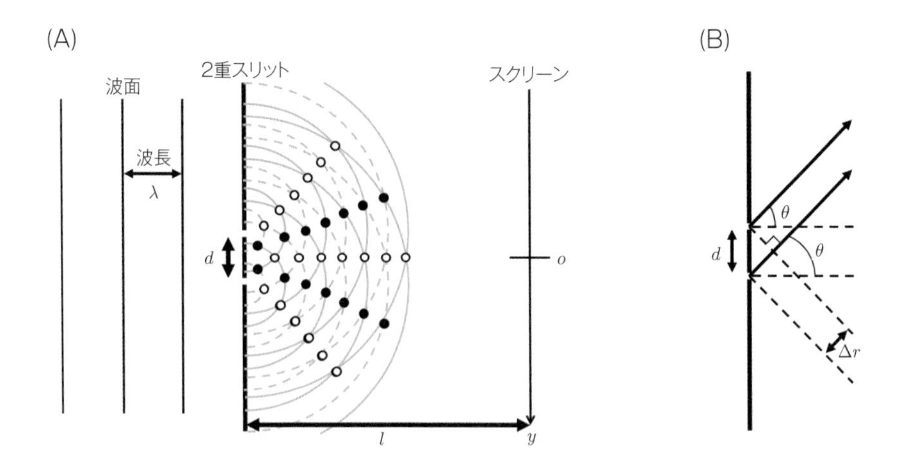

図 12.6　二重スリットからの回折と干渉．(A) 実線と破線はスリットからの回折波の波面（等位相面）で π だけ位相が異なる．○では波が強め合い，●では波が弱めあう．(B) スリット間隔 d，各スリットからの伝搬距離の差 Δr，遠方での回折角 θ.

$$\Delta y = \frac{\lambda l}{d} \tag{12.5}$$

の間隔で明線が並ぶ．

この干渉による明線の間隔は，図 12.6(B) を用いた簡単な考察から示すことができる．スクリーンがスリットから十分遠方にあるので，スクリーン上の点からスリットを結んだとき，その直線とスリット面の法線が成す角は，どのスリットにおいてもほぼ同じである．この角度を θ とすると，スリット近傍では図 12.6(B) のように，スリットからスクリーン上への伝搬を考えることになる．なおこれ以降の θ は弧度法（角度 180 度が π ラジアン）で考えることに注意する．各スリットからの伝搬距離の差は図中の Δr で近似できる．ここで $\Delta r = d\sin\theta$ であり，この Δr が波長 λ の整数倍であれば，波は強め合う．つまり二重スリットからの回折で波が強め合う条件は

$$d\sin\theta = m\lambda \tag{12.6}$$

となる（m は回折の次数）．いまスクリーンは充分遠方にある ($d \ll l$) ため，θ は十分小さく $\sin\theta \sim \theta$ とみなせて

$$\theta = \frac{m\lambda}{d} \tag{12.7}$$

を満たす角度 θ ごとに強め合う干渉を起こす．ここで $y \ll l$ より $\theta \sim \frac{y}{l}$ と近似できるので，式 (12.7) は $\frac{y}{l} = \frac{m\lambda}{d}$ となり，これを満たす干渉縞の周期 Δy は，式 (12.5) と同じく $\frac{\lambda l}{d}$ となる[10]．

10) スリット間隔 d, スクリーンへの距離 l，明線の座標 y を用いて三平方の定理で各スリットからの光路の差を求め，$d, y \ll l$ から二項定理を応用して近似を行っても（当然のことながら）同じ結果となる．

スリットの数を増やして，同一のスリットを周期的に並べた構造では，スリットの周期 d に対して，式 (12.7) が成立する角度に波は強く回折される．このような構造は**回折格子**と呼ばれる．いまは周期的なスリットを考えたが，周期的

な溝でも同様のことが起きる．CD の記録面が虹色に見える現象は，CD の記録面に刻まれた周期的な溝が可視光にとっての回折格子の役割を果たしていることに起因する．このような回折格子は光を波長ごとに分解する技術（分光）に使われる．式 (12.7) からわかることは，二重スリットであれ，回折格子（N 重スリット）であれ，波長 λ が長くなるにつれ回折角 θ は大きくなり，スリットの間隔や周期（d）が拡がると θ は小さくなる．

12.6.2 二重スリットでの回折の定量的説明

ここでは波長より十分小さな幅のスリットで構成された二重スリットによる回折について，回折強度まで含めて定量的に説明する．まず 3 次元空間の波源から等方的に伝搬する波動を考えよう．これは球面波と呼ばれる．角周波数 ω の正弦波を考え，その球面波はどのように表されるだろうか．ω と位相速度 v_p が決まると，分散関係 $\omega = v_p k$ から波数 k が決まる．波数は空間周波数とも呼ばれ，波長 λ とは $\lambda = \frac{2\pi}{k}$ で結ばれている．原点に波源があると，ある位置 $\mathbf{r}$ で波の位相は $k|\mathbf{r}|$ だけ進んでいると考えられるので，その点での波動の複素振幅は

$$\widetilde{E} = \frac{A_0}{|\mathbf{r}|} e^{ik|\mathbf{r}|} \tag{12.8}$$

と表される．ここで A_0 は $\mathbf{r}$ によらない係数である．同様に 2 次元空間中の波源からの伝搬波（円筒波）は

$$\widetilde{E} = \frac{A_0}{\sqrt{|\mathbf{r}|}} e^{ik|\mathbf{r}|} \tag{12.9}$$

となる．今後はこの式 (12.9) で表される 2 次元空間中での円筒波について考える．

二重スリットの中間地点を原点とし，スリット面に平行に y 軸，垂直に z 軸を導入する．スクリーン上の点 $(y, z = l)$ での場の分布を計算する．円筒波の二重スリットによる回折波の複素振幅は，各スリットからの円筒波の複素振幅 $\widetilde{E_1}$ と $\widetilde{E_2}$ の重ね合わせで

$$\widetilde{E} = \widetilde{E_1} + \widetilde{E_2} = \frac{A_0}{\sqrt{l}} e^{ikr_2} \left\{ e^{ik(r_1 - r_2)} + 1 \right\} \tag{12.10}$$

と表される．波の強度 I は複素振幅の絶対値の 2 乗に比例するので，

$$I \propto \widetilde{E}\widetilde{E}^* \propto 1 + \cos k(r_1 - r_2) \tag{12.11}$$

である．

ここでスリットは $(\mp\frac{d}{2})$ の位置にあることに注意すると，そこからの距離は $r_1 = \sqrt{l^2 + (y + \frac{d}{2})^2}$，$r_2 = \sqrt{l^2 + (y - \frac{d}{2})^2}$ で表される．l が十分大きく $l \gg |y|, d$ である場合には，二項定理を応用し

$$r_1 = l + \frac{(y + \frac{d}{2})^2}{2l}, \qquad r_2 = l + \frac{(y - \frac{d}{2})^2}{2l} \tag{12.12}$$

と近似できる．よって $r_1 - r_2 \sim \frac{dy}{l}$ となる．これを式 (12.11) に代入し，さらに $k = \frac{2\pi}{\lambda}$ であることに注意すると，二重スリットによる回折波の強度は式 (12.4) と一致する．また干渉縞の間隔は式 (12.5) で与えられることがわかる．

12.6.3　有限幅単スリットでの回折の定量的説明

ここでは有限幅単スリットでの波の回折について，回折強度の式 (12.1) を導出する．ここでも円筒波を考える．図 12.4 で開口に沿った y_0 軸と，そこから l だけ離れたスクリーンに沿った y 軸を導入する．開口部 y_0 から $y_0 + dy_0$ の微小領域から回折波が発生し，スクリーン上の y の位置に到達すると，そこでの場の複素振幅は

$$\frac{A_0 dy_0}{\sqrt{r(y, y_0)}} e^{ikr(y, y_0)} \tag{12.13}$$

と表される．ただし $r(y, y_0)$ は開口での微小領域からスクリーン上の点までの距離である．スクリーンが十分遠いとして式 (12.13) の係数の分母は，$\sqrt{r(y, y_0)} \sim \sqrt{l}$ と近似できる．そして指数関数の肩にある位相部分の $r(y, y_0)$ は，$r(y, y_0) = \sqrt{l^2 + (y - y_0)^2} \sim l + \frac{(y-y_0)^2}{2l} \sim l + \frac{y^2}{2l} - \frac{yy_0}{l}$ と近似できる．ただし最後の近似では，$|y_0| \ll |y|$ とした．

以上より，幅 W の開口部からの寄与をすべて積分した複素振幅は

$$\widetilde{E}(y) = \frac{A_0}{\sqrt{l}} e^{ik(l + \frac{y^2}{2l})} \int_{-\frac{W}{2}}^{\frac{W}{2}} e^{-ik\frac{yy_0}{l}} dy_0 = \frac{A_0}{\sqrt{l}} e^{ik(l + \frac{y^2}{2l})} \cdot W \mathrm{sinc}\left(\frac{kW}{2l} y\right) \tag{12.14}$$

となる．ただし $\mathrm{sinc}x = \frac{\sin x}{x}$ と定義した．以上よりスクリーン上での強度分布は，

$$I(y) \propto \widetilde{E}(y)\widetilde{E}^*(y) \propto \mathrm{sinc}^2\left(\frac{\pi W}{\lambda l} y\right) \tag{12.15}$$

となる．これは式 (12.1) と一致する．

12.6.4　有限幅二重スリットおよびらせん構造での回折

図 12.7(A) にあるような有限幅の二重スリットからの回折を考えよう．スリットの幅は W，スリットの間隔を D とする．この場合，回折した波のスクリーン上での強度 $I_D(y)$ は

$$I_D(y) \propto \cos^2\left(\frac{\pi D}{\lambda l} y\right) \mathrm{sinc}^2\left(\frac{\pi W}{\lambda l} y\right) \tag{12.16}$$

で与えられる（詳細は次節を参照せよ.）．この式はよく見ると，式 (12.4) で与えられる十分狭い二重スリットでの回折の結果と，式 (12.1) で与えられる有限幅の単一スリットでの回折の結果の積になっている．波の強度 $I_D(y)/I_0$ がス

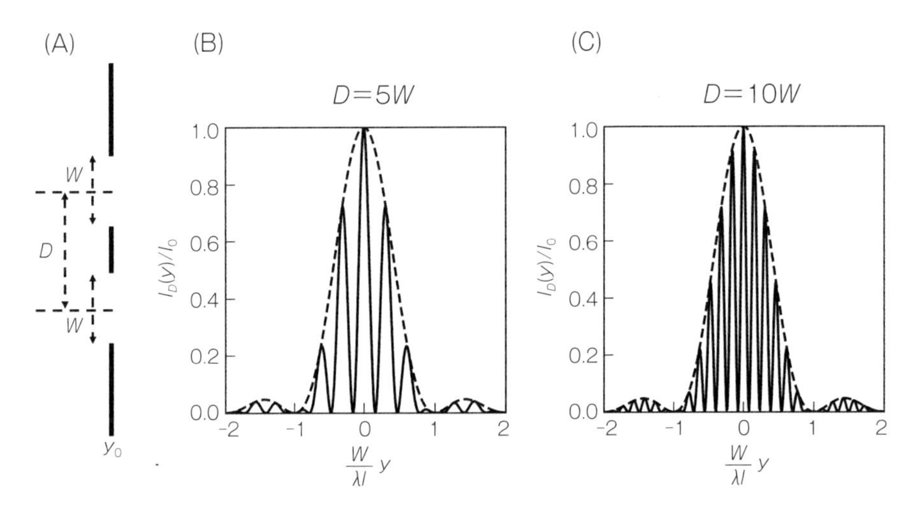

図 12.7 有限幅二重スリットによる波の回折．(A) は設定，(B) の実線は $D = 5W$ での回折パターン，(C) の実線は $D = 10W$ での回折パターン．破線は包絡線．

クリーン上でどのように変化するのかを，図 12.7(B) と図 12.7(C) に示す．B の実線は $D = 5W$ での回折パターン，C の実線は $D = 10W$ での回折パターンとなっている．実線で描かれた細かな多数のピークは有限幅の二重スリット（間隔 D）による干渉縞である．その証拠に図 12.7(B) から図 12.7(C) になる，つまりスリットの間隔 D が大きくなると，式 (12.5) に従って明線の間隔が小さくなる．そして干渉縞の包絡線（破線）は有限幅 W の単スリットによる回折パターンである．つまり十分狭い二重スリットの場合と異なる点として，有限幅の二重スリットの場合は，干渉縞の強度が単スリットによる回折強度で制限されている．なおスリット幅 W をゼロにする極限をとれば，十分狭い二重スリットによる一様な強度分布をもつ干渉縞と一致する．

二重らせん構造からの回折パターンは，有限幅二重スリットが交差して存在していると考えると説明できる．実験で用いたバネは立体的であるが，その大きさがスクリーンまでの距離に比べて十分に小さい場合は奥行を無視することができる．よって平面状の開口と同様に扱える．

V 生命

12.6.5 有限幅二重スリットでの回折の定量的説明

式 (12.16) で結果だけ紹介した有限幅二重スリットの回折強度を，ここで説明する．いまスリットの幅は W，スリットの間隔を D とする．有限幅単スリットで導出した場 $\widetilde{E}$ に関する式 (12.1) を利用すると，有限幅二重スリットにより回折された波のスクリーン上での場の複素振幅 $\widetilde{E}_D(y)$ は，

$$
\begin{aligned}
\widetilde{E}_D(y) &= \widetilde{E}\left(y - \frac{D}{2}\right) + \widetilde{E}\left(y + \frac{D}{2}\right) \\
&= \frac{A_0}{\sqrt{l}} e^{ik\left\{l + \frac{(y-D/2)^2}{2l}\right\}} \cdot W \mathrm{sinc}\left\{\frac{\pi W(y - D/2)}{\lambda l}\right\} \\
&\quad + \frac{A_0}{\sqrt{l}} e^{ik\left\{l + \frac{(y+D/2)^2}{2l}\right\}} \cdot W \mathrm{sinc}\left\{\frac{\pi W(y + D/2)}{\lambda l}\right\} \\
&\sim \frac{2A_0}{\sqrt{l}} e^{ik(l + \frac{y^2}{2l})} \cdot W \cos\left(\frac{\pi D}{\lambda l} y\right) \mathrm{sinc}\left(\frac{\pi W}{\lambda l} y\right)
\end{aligned}
\tag{12.17}
$$

となる．これより波の強度分布は式 (12.16) となる．

参考文献

[1] R. E. Franklin and R. G. Gosling, The structure of sodium thymonucleate fibres. I. The influence of water content, *Acta Cryst.* (1953) 6, 673–677.

[2] 「構造生物学とその解析法」京極好正，月原冨武（編），共立出版 (1997).

[3] 「夢の光：放射光が拓く生命の神秘」安岡則武，木原裕（編），共立出版 (2000).

上記 2 冊は日本生物物理学会が生物物理学という学問分野を紹介するために企画したシリーズの出版物で，前者は構造生物学全般の紹介，後者は放射光の利用が生命科学の発展にどのように寄与しているかを紹介したものである．

[4] 「ダークレディと呼ばれて: 二重らせん発見とロザリンド・フランクリンの真実　ブレンダ・マドックス」福岡伸一，鹿田昌美（訳），化学同人 (2019).

フランクリンの再評価を決定づけた伝記．

[5] 「なかのとおるの生命科学者の伝記を読む」仲野徹，秀潤社 (2011).

「第三章　ストイックに生きる」でフランクリンの生涯が取り上げられている．

[6] 「振動・波動・光　講義ノート」引原隆士，中西俊博，サイエンス社 (2020).

理工系の初学者対象に振動・波動・光をわかりやすく解説している．基礎のみならず，最新のトピックにも触れられている．

[7] 「振動・波動」長谷川修二，講談社 (2012).

様々な振動と波動について網羅的に説明されている教科書．

[8] 「光の数理」左貝潤一，コロナ社 (2021).

波の回折や干渉という現象を数学的に記述する際に頻繁に登場する sinc 関数の，物理的意味について詳細に説明している．

オンライン教材

- よくある質問と答え (FAQ)，課題 12 についての質問

  `http://jikken.ihe.tohoku.ac.jp/science/faq/index.html#kadai12`

テキスト改訂でご協力いただいた，理学研究科・物理学専攻の吉澤雅幸教授，大野誠吾助教，伊藤弘毅助教，多元物質科学研究所の菊池伸明准教授に感謝する．

付録A 測定値の取り扱いとグラフの描き方

実験では測定器具の使用法を理解し，できるだけ正確に測定値を読み取ることが重要である．測定器具を正しく使用しないと間違った値や片寄った値を読み取ってしまうことになる．しかし，正しい測定を行っても実験で得られる測定値には様々な制約に伴う不確かさがある．それは測定器具の不確かさの場合もあるが，確率的な現象により測定値が変動している場合もある．このため，測定値と真の値との差（誤差）に配慮した取り扱いが必要である．また，グラフの活用は測定結果の特徴を視覚的にすばやく読み取ることができ非常に有効である．

A.1 測定値の読み取り方

A.1.1 アナログとデジタル

アナログ量とは連続的に変化する量のことである．これに対して，デジタル量とは 0，1，2，$\cdots$ と数字で正確に表現される量であり，0 と 1 の間には値がない離散的な量である．電流や長さ，液体の量など自然科学実験で測定する大部分の量はアナログ量である[1)]．

測定器でデジタル量を測定した場合には，測定量をそのまま数値としてデジタル表示することができる．しかし，アナログ量の測定では，メーターなどで測定量を連続的にアナログ表示する場合と，電子回路を用いてデジタル化（数値化）を行ってからデジタル表示する場合がある．デジタル表示ではアナログ量も離散的に表されるが，0.1，0.01 のように離散的な値の間隔を小さくすることはできる．しかし，小数点以下の数字を無限に続けない限り連続的な表現はできない．

アナログ表示とデジタル表示の違いは，図 A.1 の時計を例にして理解することができる．図左のアナログ時計の針は連続的に動いており，盤面上の目盛と針の位置関係から 10 時 9 分と読み取れる．さらに針の位置を目盛の刻みより細かく読み取ることで 10 時 9 分をおおよそ何秒過ぎているかもわかる．図右のデジタル時計では時刻が 10 時 9 分であることは確実に読み取れるが，表示された時刻は離散的であり 1 分以下の細かな時間を知ることはできない．

アナログ表示の利点は，針の位置からおおよその量を迅速に把握できる[2)] ことである．たとえば，時計を見る場合には 10 時 9 分何秒と正確な値より，10 時

1) 本テキストにおける測定でデジタル量となるものには，バルマー系列線の番号（課題 7），振動モード（課題 9），ひものねじれ数などがある．

2) ここでいう量は，嵩，数量に限らない物理量一般のことである．

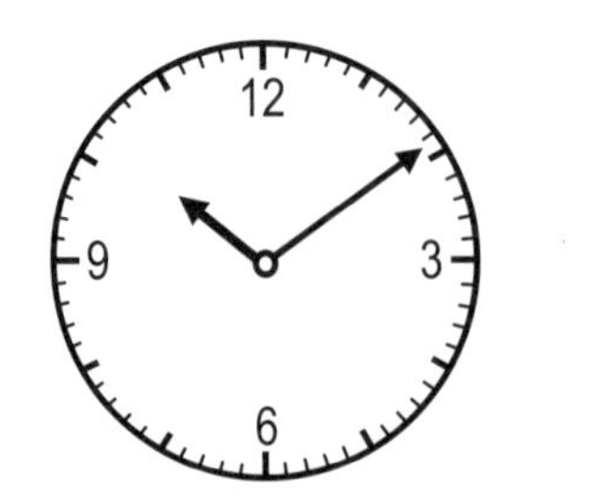

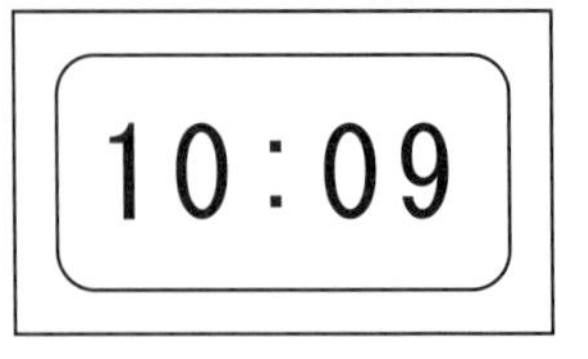

図 A.1　アナログ時計（左）とデジタル時計（右）.

をおおよそどのくらい過ぎているのかを知りたい場合が多い．ただし，アナログ表示の場合には読み間違いや読み方の癖などにより正しい値を得られない場合がある．これに対して，デジタル表示では読み取りの間違いが起こりにくい．

注意！

「デジタル表示の装置の方が誤差が少なく正確である」と考えている人がたまに見受けられるが，それは誤りである．測定器の精度は表示方法によって決まるものではない．デジタル表示の測定器の利点は，読み間違いによる誤りが起きにくいことである．

A.1.2　目盛（ものさし，メーター，メスシリンダーなど）

アナログ量の読み取りは，測定されるもの（ものさしでは対象物，メーターでは針，メスシリンダーでは液体上面）と測定用目盛との位置関係を目で確認して行う．自然科学実験に用いる測定器は 1 mm 程度の間隔で目盛が刻まれている場合が多く，目盛の刻みの値までは正確な読み取りができる．通常の測定では刻みの 1/10 の値まで読み取りを行うが，この値には読み取り誤差が含まれているものと考えて次節の有効数字の取り扱いを行う．個人の癖による読み取り誤差を減らすためには，実験パートナーと交互に読み取りを行って互いに比較をしながら測定を行うとよい．

アナログ量の測定において重要なことは，視線を測定用目盛に垂直とすることである．図 A.2 に示したものさしの例では，(a) の実線で示された視線はものさしに垂直であるが，破線の場合には視差による読み取り誤差が生じる．これを避けるには (b) のようにものさしの目盛を物体に密着させるとよい．

図 A.3 に示したメーターの場合も同様に，視線を目盛板に対して垂直にする．目盛板に鏡が取り付けてあるメーターでは，実物の針と鏡に映った針が重なるようにする．電流計や電圧計などでは，使用する測定端子によって読み取りに用いる目盛が異なるので注意が必要である．メスシリンダー（図 A.4）などを用いて液体を測定する場合には，液面の底[3] に目の高さを合わせて底面と視線が一直線となるようにして目盛を読み取る．

[3] 水銀のように液面が盛り上がる液体では，上面を読み取る．

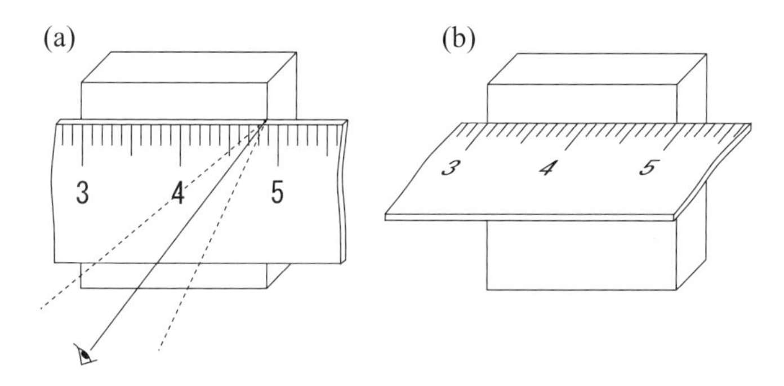

図 A.2 ものさしによる長さの測定．(a) の場合には視差による誤差が生じる恐れがある．

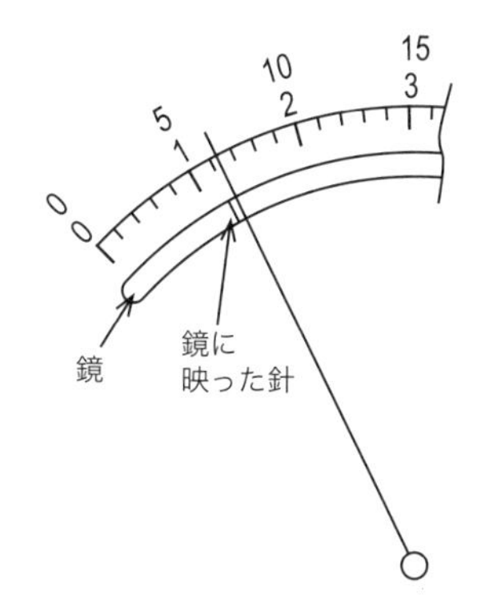

図 A.3 電流計などのメーター．鏡に映る針が実物の針に重なるようにする．

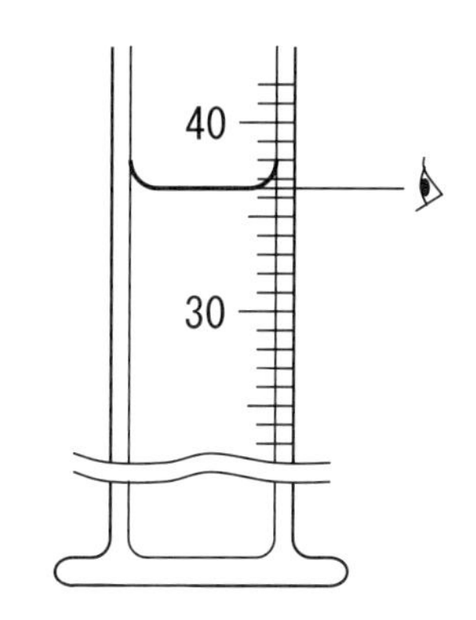

図 A.4 メスシリンダーによる液体体積の測定．目の高さは液の底面に合わせる．

A.1.3 副尺（ノギスなど）

副尺は，主尺の最小目盛の 1/10（または 1/20，1/30）まで正確に測定するためのものである．副尺による読み取りの原理は次の通りである．主尺の最小目盛の間隔を 1 mm としたとき，副尺には n 個 ($n = 10,\ 20,\ 30$) の目盛が対応する主尺目盛よりも $1/n$ mm だけ狭い間隔で刻んである（図 A.5 のノギスでは主尺 2 目盛に副尺 1 目盛が対応）．副尺の 0 の目盛が主尺目盛の m 番目と $m + 1$ 番目の間にあるとしよう．主尺と副尺の目盛のずれは副尺 1 目盛につき $1/n$ mm ずつ小さくなるので，l 個目の副尺目盛で主尺目盛と一致しているときには副尺の 0 目盛での主尺目盛からのずれは $l \times 1/n$ mm となる．したがって，測定値を $m + l/n$ mm と主尺目盛の $1/n$ の精度で読み取れる．

図 A.5 のノギスは主尺目盛 1 mm，副尺目盛数 $n = 20$ であり，0.05 mm の精度で長さを読み取ることができる．ノギスを用いて物の厚さを測るには，図 A.5 のように測定物をジョウ（くちばし状の部分）に挟み，まず，副尺が 0 の所の主尺の目盛を読む（図 A.5 では 12 mm）．次に副尺目盛と主尺目盛の一致する所の副尺目盛を読む．副尺の 1 目盛は 0.05 mm であり，図では副尺目盛の 9 番目 (0.45 mm) が主尺の目盛と一致している．最後に主尺目盛の数字と

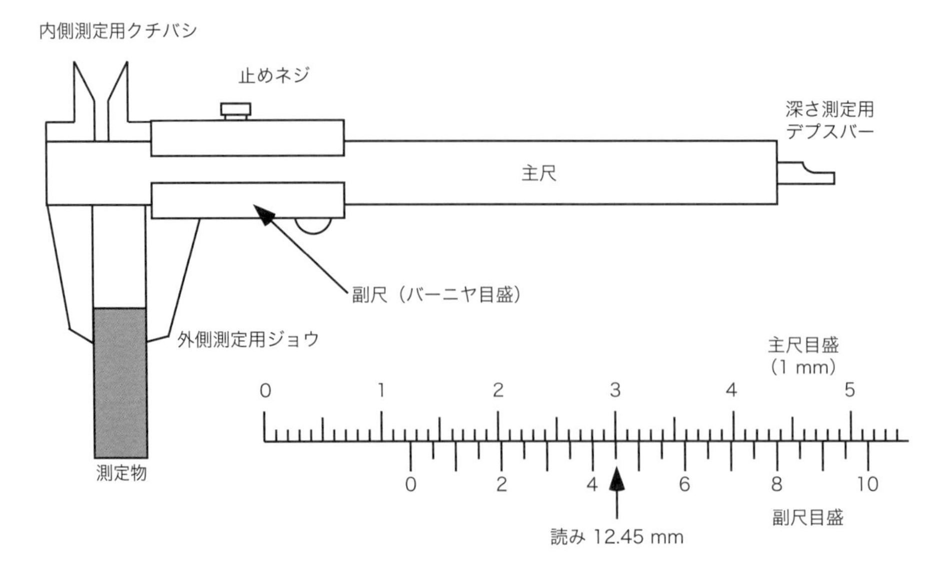

図 A.5　ノギスの構造と副尺による長さの読み取り方.

副尺の数字を足して $12 + 0.45 = 12.45$ [mm] となる.

A.1.4　ねじマイクロメータ

ねじは 1 回転すればねじ山が 1 つだけ進む．ねじマイクロメータはこの原理を利用して長さを精密に測定する装置である．図 A.6(a) がその構造である．AB 間（A：アンビル，B：スピンドル）に測定しようとする物体を挟み，まず F（シンブル）を回転して AB を狭めていき，最後に G（ラチェット）を回転して B を物体に接触させ，G が空転するときの目盛 D と E を読む．G は物体と A，B 間の圧力を常に一定にする仕掛けである．C（クランプ）でねじの回転を止めておくと，物体を外してから目盛を読み取ることができる．ただし，クランプしたままで F を回すとマイクロメータのねじをこわしてしまうため注意すること．使用する前には必ず零点の検査をし，ずれていればその分だけの測定値に補正を加える[4]．

[4] マイクロメータの零点には，しばしば狂いがあるので，この使用前にはこの零点補正を必ず行う.

目盛の仕組みは以下の通りである．マイクロメータの心棒には 0.5 mm の歩み（ピッチ）のねじが刻まれており，F (E) を 1 回転すると B は 0.5 mm 進む．

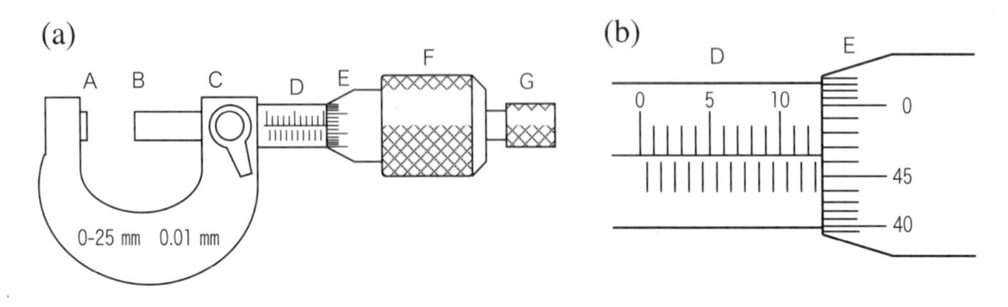

図 A.6　ねじマイクロメーターの構造 (a) と長さの読み取り方 (b).

主尺Dには基線の両側に目盛が刻んであり，両方を合わせると 0.5 mm ごとの目盛刻みとなる．Eの周囲には 50 等分の目盛が刻んであり，1 目盛が 0.01 mm となる．図 A.6(a) のマイクロメータに記入してある 0〜25 mm，0.01 mm の数字は，長さ 25 mm のものまで測定できて，Eの最小目盛が 0.01 mm に対応することを示す．

DとEとから長さを読み取るためには，まず，ダイヤルEのへりがDの目盛のどこにあるかを読み取る．図 A.6(b) の例では，12.5 mm と 13.0 mm の間にある．へりが刻みに近い場合には，Eの目盛が 0 の手前か過ぎているかをよく見て判断する．次に，Eの目盛とDの基線（中心の線）が一致する部分を読み取る．図 4.6(b) ではEの 46 と 47 の間にある．Eの値を最小目盛の 1/10 まで読み取ることにすると，Eの読みは 0.465 mm となり，測定値は $12.5\,\mathrm{mm} + 0.465\,\mathrm{mm} = 12.965\,\mathrm{mm}$ となる．

マイクロメータによる長さの読み取りでは，Gを回す速度により物体にかかる圧力に差が生じ，物体の長さが変化していることがある．このため，測定を慎重に数回行い，平均値を測定値とするとよい．

A.2　有効数字

測定値が不確かさをもっている以上むやみに数字を幾桁も並べても意味がなく，測定の精度に応じて有限個の数字で示すべきである．A.1 節の要領で得た値を，確からしさを考慮して位取りのために用いるゼロを除いて，意味のある桁数の数で表した数値を**有効数字**という．たとえば，目盛の刻みが 0.1 cm (1 mm) のものさしで長さを 8.35 cm と読み取った場合，8.3 cm までは間違いないが，その次の桁は不確かである（5 には誤差が含まれている）ということを意味している．したがって 8.35 と 8.350 は，測定値としては異なった意味を持っている．前者は 8.34 あるいは 8.36 よりも 8.35 に近いということを意味し，後者は 8.349 あるいは 8.351 よりも 8.350 に近いということを示している．仮に四捨五入の結果として 8.35 と 8.350 の測定値が得られた場合に，四捨五入する前の値は，

$x = 8.35$ の場合，$8.345 \leq x < 8.355$

$x = 8.350$ の場合，$8.3495 \leq x < 8.3505$

である．

8.35 cm を他の単位で表すと 0.0835 m，0.0000835 km，83500 μm などとなるが，有効数字は 835 の 3 つだけであとの 0 は位取りに生じたものである．有効数字，位取りのことをはっきり示すために

$$8.35 \times 10^{-2}\ \mathrm{m},\ 8.35 \times 10^{-5}\ \mathrm{km},\ 8.35 \times 10^{4}\ \mu\mathrm{m}$$

などと書くことにより数値の意味を明確にすることができる．

A.2.1　数値計算と有効数字

測定値から他の量を計算する場合には，有効数字を考慮する必要がある．たとえば，半径が 8.35 cm の円の面積を求める場合に円周率が $\pi = 3.14159265\cdots$ であるからといって，

$$S = \pi \times (8.35\,\mathrm{cm})^2 = 219.039693\cdots\ \mathrm{cm}^2$$

のように電卓での計算結果を何桁も書き並べることには意味があるだろうか．実際の半径は 8.345 cm よりは大きく，8.355 cm よりは小さいので，面積の下限と上限は

$$\text{下限値}\quad \pi \times (8.345)^2 = 218.777449\cdots\ \mathrm{cm}^2$$
$$\text{上限値}\quad \pi \times (8.355)^2 = 219.302095\cdots\ \mathrm{cm}^2$$

となる．したがって，答えとしては小数点以下を四捨五入して 219 cm^2 と書くべきである．

一般に，3 桁の有効数字を持つ量の掛け算では答えの有効数字は 3 桁を超えない．有効数字の桁数が異なる量同士を掛け合わせた場合には，答えの有効数字は有効数字の桁数が少ない量で制限される．上の例では，円周率 π の値としてどんなに正確な値を用いたとしても，答えの有効数字は 3 桁となる．ただし，計算中の丸め誤差を減らすために，計算の途中では有効数字よりも桁数を多めに計算し，答えの段階で有効数字の桁数を考慮して書き込むようにする。

掛け算以外の数値計算，たとえば割り算や関数計算でも状況は同じである．計算によって不確かさの伝わり方が異なるため一概にはいえないが，答えの有効数字の桁数は元の数値の有効数字の桁数とほぼ同じである．ただし，足し算や引き算ではそれぞれの数の大きさによっては有効数字の桁数が大きく変化する．たとえば，8.35 と 0.012 の足し算を考えてみよう．それぞれの有効数字は 3 桁と 2 桁であるが，この場合 8.35 の 5 には不確かさがある．したがって，0.012 の 2 の値は足し算の後では意味をもたないため，答えは 8.362 ではなく 8.36 と書くべきである．

A.3　誤差

実験により測定値 x を得たときに，実際には真の値が X であったような場合

$$\varepsilon = x - X \tag{A.1}$$

が誤差である．測定値の誤差は，その起因により大きく**系統誤差**と**偶然誤差**に

分けることができる．このほかに，限られた数の測定結果から全体を統計的に推測することによる**統計誤差**もある．

A.3.1 系統誤差

系統誤差は，

- 使用する測定器の偏りや使用法の誤り
- 温度，気圧，時間などの測定条件のずれ
- 計器の読み取りなどの観測者の癖

などが原因である．たとえば，体重計で体重を測定する場合に，0 の位置がずれていたり，斜めから針をのぞきこんだりしては正しい測定をすることはできない．このような場合には，何度測定しても測定値が真の値より小さく（または大きく）出てしまうことになる．

系統誤差は測定器の較正を確実に行い，測定条件を一定にすることなどによって小さくすることが可能である．また測定器の較正結果や測定条件を考慮に入れて，測定値を補正することができる．さらに測定をコンピュータを用い自動化することにより，人為的な原因（不注意，疲労などによる測定の誤り）を減少させることも可能である．

A.3.2 偶然誤差

偶然誤差とは，系統誤差を除去してもなお消去することができない，偶然的・不可抗力的に生じる種々の誤差である．偶然誤差の原因の一つは，測定器やその操作の精度に限界があるために生ずる誤差である．たとえば，0.01 秒まで計時できるストップウォッチで 10.23 秒という測定結果を得た場合を考える．このストップウォッチには十分な精度があったとしても，現象を観測してからストップウォッチを押すまでにかかる時間や押し始めてからストップウォッチがスタート／ストップするまでの時間にばらつきがある．このため，手動測定には 0.1 秒程度のばらつきがあり，前出の 10.23 秒という測定値には偶然誤差として取り扱わなくてはならない不確かさが含まれている．このような偶然誤差は測定を自動化することなどにより減少させることができるが，完全に 0 とすることはできない．

測定器の精度が十分に高い場合でも，測定条件の揺らぎなどの別の原因による偶然誤差が生じる．たとえば，温度，気圧などの測定条件をできるだけ一定としても，ある範囲内での揺らぎが必ずあるため測定値に影響を与える．また，原子核崩壊などのように確率的に起こる現象では現象の発生数に揺らぎがあるため，必然的に測定値にも揺らぎが現われる．偶然誤差はどのような条件であろうとも，実験装置自身で予測したり修正することはできない．ここでは偶然誤差を単に**誤差**と呼ぶ．

いま多数回（N 回）の測定を行い測定値 $x_1, x_2, \cdots, x_N$ を得たとし，真の値 X との誤差

$$\varepsilon_i = x_i - X \tag{A.2}$$

の分布を考える．誤差の**分散** σ^2 は測定精度によって決まる量であり，誤差の二乗の平均値

$$\sigma^2 \equiv \langle \varepsilon_i^2 \rangle = \frac{1}{N}\sum_{i=1}^{N}(x_i - X)^2 \tag{A.3}$$

で定義される[5]．ここで，ε と $\varepsilon + \mathrm{d}\varepsilon$ の間に入る誤差 ε_i の数を $Nf(\varepsilon)\mathrm{d}\varepsilon$ としたとき，誤差の分布関数 $f(\varepsilon)$ は

$$f(\varepsilon) = \frac{1}{\sqrt{2\pi\sigma^2}}\exp\left(-\frac{\varepsilon^2}{2\sigma^2}\right) \tag{A.4}$$

の**正規分布**（**ガウス分布**）となる．分散 σ^2 が小さいことは測定精度が高いことを意味する（図 A.7）．分散の平方根 σ は**標準偏差**と呼ばれる量であり，測定値の 68.3 %は誤差が $\pm\sigma$ の範囲内にある[6]．実際の測定における誤差の分布がガウス分布と著しく異なる場合は，系統誤差が生じている可能性があるので実験を再検討してみる必要がある．

5) ⟨ ⟩ は，平均をとることを意味する．

6) 正規分布では，誤差 $\pm\sigma$ 以内に 68.3 %，$\pm 2\sigma$ 以内に 95.4 %，$\pm 3\sigma$ 以内に 99.7 %が分布する．

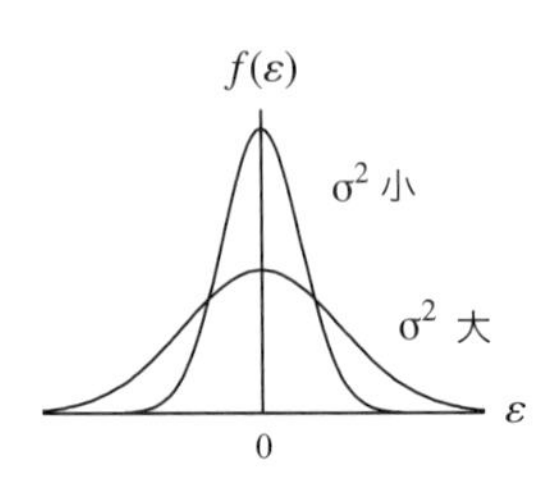

図 A.7　正規分布曲線．

系統誤差および偶然誤差の例として，2 人の実験者 A，B がストップウォッチで 10 回計測した結果を表 A.1 に示した．図 A.8 は，その測定結果の分布を 0.1 秒区切りで示したものである．A の測定値の分布はほぼ正規分布となっており，誤差は偶然誤差であるといえる．しかし，B の分布にはピークが 2 つある．しかも，表 A.1 を見ると明らかに後半の測定値が大きくなっており，なんらかの系統誤差が生じていることがわかる．

A.3.3　統計誤差

統計誤差とは測定対象のすべてを測定することができないために，有限個の測定結果から全体を類推する場合に生じる誤差である．例として，歩行者の交通量調査において，ある 1 時間の歩行者の総数を計測する場合を考えよう．当

表 A.1 測定例.

回数	A / 秒	B / 秒
1	10.23	10.16
2	10.35	10.22
3	10.11	10.28
4	10.26	10.05
5	10.08	10.14
6	10.34	10.19
7	10.21	10.43
8	10.42	10.36
9	10.19	10.40
10	10.37	10.47

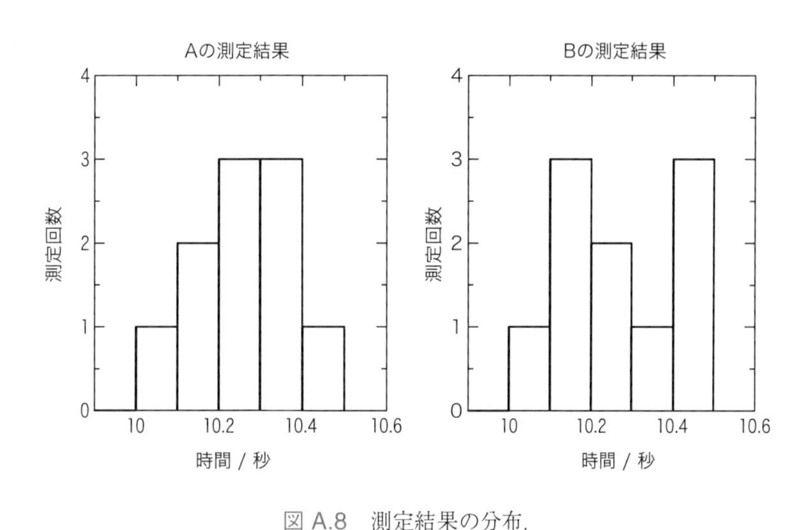

図 A.8 測定結果の分布.

然，1 時間にわたってすべての歩行者を数えることができれば正しい測定結果が得られる．しかし，何らかの事情で観測時間が限られていて 1 時間の間調査ができない場合，短い時間で調査を行い，そこから全体を類推することになる．まず，1 分間の測定から 1 時間の歩行者を推定する場合を考えてみよう．1 分間では，偶然大きなグループがその間に通ったり，逆に近くの信号が赤となり誰も通らないというようなことが起きるであろう．したがって，得られた測定結果の信頼性は低いことになる．測定時間を 10 分間程度とれば，偏りが平均化されるので信頼性を高めることが予想される．このように測定時間や測定回数を増やすことで，測定結果の信頼性を高めることができる．実際には，測定の統計的性質を十分に考慮して，測定結果の信頼性（統計誤差）を決定する必要がある．

A.4 誤差の伝播

測定値から他の量を計算する場合に誤差の分散がどのように伝わるかを考えてみる．2 つの独立した測定結果 x, y がそれぞれ分散 σ_x^2, σ_y^2 を持っているときに $z = F(x, y)$ で与えられる量の分散を求めてみよう．測定値 x_i, y_i に対応した z_i の誤差は近似的に

$$\begin{aligned} z_i - Z &= \left(\frac{\partial F}{\partial x}\right)_{x=X,y=Y} (x_i - X) + \left(\frac{\partial F}{\partial y}\right)_{x=X,y=Y} (y_i - Y) \\ &= \left(\frac{\partial F}{\partial x}\right) \varepsilon_{x,i} + \left(\frac{\partial F}{\partial y}\right) \varepsilon_{y,i} \end{aligned} \tag{A.5}$$

と与えられる．ここで，X，Y，Z はそれぞれ x，y，z の真の値である．したがって，z の誤差の分散は

$$\sigma_z^2 = \langle (z_i - Z)^2 \rangle = \left\langle \left\{ \left(\frac{\partial F}{\partial x}\right) \varepsilon_{x,i} + \left(\frac{\partial F}{\partial y}\right) \varepsilon_{y,i} \right\}^2 \right\rangle$$
$$= \left(\frac{\partial F}{\partial x}\right)^2 \langle \varepsilon_{x,i}^2 \rangle + \left(\frac{\partial F}{\partial y}\right)^2 \langle \varepsilon_{y,i}^2 \rangle + 2\left(\frac{\partial F}{\partial x}\right)\left(\frac{\partial F}{\partial y}\right) \langle \varepsilon_{x,i}\varepsilon_{y,i} \rangle \tag{A.6}$$

と計算できる．この式 (A.6) の最後の項 $\langle \varepsilon_{x,i}\varepsilon_{y,i} \rangle$ は共変分散あるいは共分散と呼ばれる量で，x, y が独立した測定である場合には 0 となる．したがって，**誤差伝播の法則**と呼ばれる式

$$\sigma_z^2 = \left(\frac{\partial F}{\partial x}\right)^2 \sigma_x^2 + \left(\frac{\partial F}{\partial y}\right)^2 \sigma_y^2 \tag{A.7}$$

が得られる．この式をいろいろな関数に適用した場合を表 A.2 に示す．ただし，測定では x, y の真の値 X, Y は得られないので，計算ではそれらの最確値（平均値）$\bar{x}, \bar{y}$ を用いる．

表 A.2　誤差の伝播の例.

z	σ_z^2
$\mathrm{a}x \pm \mathrm{b}y$	$\mathrm{a}^2\sigma_x^2 + \mathrm{b}^2\sigma_y^2$
$\mathrm{a}xy$	$(\mathrm{a}\bar{y})^2\sigma_x^2 + (\mathrm{a}\bar{x})^2\sigma_y^2$
$\mathrm{a}x/y$	$(\mathrm{a}/\bar{y})^2\sigma_x^2 + (\mathrm{a}\bar{x}/\bar{y}^2)^2\sigma_y^2$
$\mathrm{a}e^{\mathrm{b}x}$	$(\mathrm{ab}e^{\mathrm{b}\bar{x}})^2\sigma_x^2$
$\mathrm{a}\ln(x)$	$(\mathrm{a}/\bar{x})^2\sigma_x^2$

$\mathrm{a, b}$ は定数，$\bar{x}, \bar{y}$ は x, y の平均値.

A.5　最小二乗法

A.5.1　算術平均

N 回の測定を行い，その測定値から求める測定量を直接得る場合（**直接測定**）を考えてみる．

この測定の誤差が分散 σ^2 の正規分布をしているものとすると，誤差がそれぞれ ε_i から $\varepsilon_i + \mathrm{d}\varepsilon_i$ の範囲に生じる確率は

$$\left(\frac{1}{\sqrt{2\pi\sigma^2}}\right)^N \exp\left(-\frac{\varepsilon_1^2 + \varepsilon_2^2 + \cdots + \varepsilon_N^2}{2\sigma^2}\right) \mathrm{d}\varepsilon_1 \mathrm{d}\varepsilon_2 \cdots \mathrm{d}\varepsilon_N \tag{A.8}$$

で与えられる．実際の測定では誤差は様々な値で生じ得るが，この確率が大きいような誤差が起こりやすいはずである．実際に得られた誤差は，確率が最大の条件，すなわち誤差の二乗和

$$S = \sum_{i=1}^{N} \varepsilon_i^2 = \sum_{i=1}^{N} (x_i - X)^2 \tag{A.9}$$

が最小になる条件を満たしていると考えてよい．これは S を極小にする条件

$$\frac{\mathrm{d}S}{\mathrm{d}X} = 2\sum_{i=1}^{N}(X - x_i) = 2\left(NX - \sum_{i=1}^{N} x_i\right) = 0 \tag{A.10}$$

から求めることができる（**最小二乗法**）．ただし，ここで求まる値は**最確値**（そうである可能性が最も高い値）であって，正確な値でもなければ真の値でもない．最確値を X_m と表すと

$$X_m = \frac{1}{N}\sum_{i=1}^{N} x_i = \frac{1}{N}(x_1 + x_2 + \cdots + x_N) \tag{A.11}$$

となり，**算術平均**で与えられることがわかる．

たとえば，表 A.1 の A の測定結果の最確値（平均値）は，

$$\begin{aligned} X_m = &\frac{1}{10}(10.23 + 10.35 + 10.11 + 10.26 + 10.08 + 10.34 + 10.21 + \\ &10.42 + 10.19 + 10.37) \\ = &10.256 \approx 10.26\ [秒] \end{aligned}$$

となる．

A.5.2　平均値の誤差（最確値の分散）

算術平均で得られた最確値 X_m の誤差について考える．真の測定量 X からの誤差を二乗平均することにより，誤差の分散 σ_m^2 は

$$\begin{aligned} \sigma_m^2 = \langle (X_m - X)^2 \rangle &= \left\langle \left(\frac{\varepsilon_1 + \varepsilon_2 + \cdots + \varepsilon_N}{N}\right)^2 \right\rangle \\ &= \frac{1}{N^2}\left\{N\langle \varepsilon_i^2 \rangle + N(N-1)\langle \varepsilon_i \varepsilon_j \rangle_{j \neq i}\right\} = \frac{\sigma^2}{N} \end{aligned} \tag{A.12}$$

と得ることができる[7]．したがって，1 回だけの測定で得られた値に比べて誤差の分散が $1/N$（標準偏差では $1/\sqrt{N}$）となり，より確かな値が得られることがわかる．

7) 偶然誤差はお互いに相関をもたないため，N が十分大きい場合には $\langle \varepsilon_i \varepsilon_j \rangle_{j \neq i}$ は 0 となる．

ところが，実際に誤差の分散の値を測定結果から求めようとする場合，実験結果からは真の値 X が得られないため，誤差 ε_i を残差

$$\Delta_i = x_i - X_m \tag{A.13}$$

で置き換えて計算を行うことになる．残差の二乗平均は

$$\langle \Delta_i^2 \rangle = \langle (x_i - X_m)^2 \rangle = \frac{N-1}{N}\sigma^2 \tag{A.14}$$

となることが知られており，測定値の真の分散 σ^2 は，

$$\sigma^2 = \frac{N}{N-1}\langle \Delta_i^2 \rangle = \frac{1}{N-1}\sum_{i=1}^{N} \Delta_i^2 \tag{A.15}$$

と残差から求めることができる．したがって，N 回の測定により得られる測定

量の値 X_{exp} は

$$X_{\mathrm{exp}} = X_m \pm \sigma_m = \frac{\sum x_i}{N} \pm \sqrt{\frac{\sum \Delta_i^2}{N(N-1)}} \tag{A.16}$$

と与えられる．

たとえば，表 A.1 の A の測定例では，測定値の分散から $\sigma = 0.113$ が得られ，$\sigma_m = 0.0357$ となる．したがって，測定結果は

$$X_{\mathrm{exp}} \;=\; 10.26 \pm 0.04 \text{ [秒]}$$

と表記すべきである．これは真の値 X が，最確値 10.26 を中心とする誤差（標準偏差）0.04 の広がりの中にある確率が 68.3 %であることを示している．

A.5.3　間接測定（最小二乗法による関数のあてはめ）

以上は，知ろうとする測定量 X を直接に測定器で測る直接測定を行う場合の誤差の取り扱いであった．次に，別の量の測定を通して値を求める**間接測定**の場合について述べる．

たとえば，2 つの量 X と Y の間に

$$Y = aX \tag{A.17}$$

の比例関係があり，未知の比例係数 a を求める場合について考えてみる．X の値を $x_1, x_2, \cdots, x_N$ としたときに，Y の測定値が，それぞれ，$y_1, y_2, \cdots, y_N$ であったとする．X が x_i のときの Y の正しい値 Y_i は $Y_i = ax_i$ であるから，誤差の二乗和は

$$S = \sum \varepsilon_i^2 = \sum (y_i - Y_i)^2 = \sum (y_i - ax_i)^2 \tag{A.18}$$

となる．これが未知量 a により極小となる条件は

$$\frac{\partial S}{\partial a} = 2\sum x_i(ax_i - y_i) = 2\left(a\sum x_i^2 - \sum x_i y_i\right) = 0 \tag{A.19}$$

である．したがって，未知量 a は

$$a = \frac{\sum x_i y_i}{\sum {x_i}^2} \tag{A.20}$$

と得られる．$\sum x_i^2$，$\sum x_i y_i$ を測定値から計算すれば，a の最確値を求めることができる．

次に，未知量が a と b の 2 つある場合として X と Y の間に

$$Y = aX + b \tag{A.21}$$

の関係がある場合を考える．誤差の二乗和は

$$S = \sum \varepsilon_i^2 = \sum (y_i - Y_i)^2 = \sum (y_i - ax_i - b)^2 \tag{A.22}$$

であるから，これが未知量 a, b により極小となる条件は

$$\frac{\partial S}{\partial a} = 2\sum x_i(ax_i + b - y_i) = 2\left(a\sum x_i^2 + b\sum x_i - \sum x_i y_i\right) = 0 \tag{A.23}$$

$$\frac{\partial S}{\partial b} = 2\sum (ax_i + b - y_i) = 2\left(a\sum x_i + bN - \sum y_i\right) = 0 \tag{A.24}$$

である．この連立方程式から a と b を求めると

$$a = \frac{(\sum x_i)(\sum y_i) - N\sum x_i y_i}{(\sum x_i)^2 - N\sum {x_i}^2} \tag{A.25}$$

$$b = \frac{(\sum x_i)(\sum x_i y_i) - (\sum {x_i}^2)(\sum y_i)}{(\sum x_i)^2 - N\sum {x_i}^2} \tag{A.26}$$

となる．

一般的に，m 個の未知量 $(a_1, a_2, \cdots, a_m)$ とパラメータ X から与えられる量 Y がある場合には，各未知量が誤差の二乗和を極小にする条件から m 個の連立方程式が得られる．この連立方程式を解くことで最確値 a_i を決めることができる．連立方程式は解析的に解ける場合もあるが，指数関数などを含む場合にはコンピュータによる数値計算により解を求める必要がある．ただし，コンピュータを用いた数値計算によるあてはめでは，誤差の二乗和が最小となる値ではなく，単に極小となる別の値が解として得られてしまう場合があり注意が必要である．

最確値を求めた後は，必ずグラフに測定値とあてはめに用いた関数で表される直線（曲線）をプロットしてみる．計算が正しければ，直線（曲線）は測定値を最も確からしく表すはずである．測定値との間に測定誤差よりも明らかに大きい差が見られた場合は，2 つの量 X と Y の間に別の関係があることを示している．それは，実験の失敗の可能性もあるが，想定以外の現象（新たな自然科学現象？）が起きている可能性もあるので，十分注意して実験結果の考察を行う．

A.6 グラフの描き方

レポートにおけるグラフの役目は，本文や表による説明を助けて実験結果を直感的に理解させ印象づけることである．グラフからは数値表だけではわかりがたい測定結果の特徴もすばやく読み取ることができる．また，グラフにすることで初めて測定値の異常や予測されていない信号が表れていることなどを確認できる場合もある．散布図において，各軸の項目間に相関が示唆もしくは予想される場合には，その相関を示すような補助線を入れるとよい．

A.6.1　レポート用のグラフ作成

自然科学総合実験のレポートに添付するグラフは以下の形式とする（図 A.9）．ただし，課題により別途指示がある場合には，その指示に従うこと．

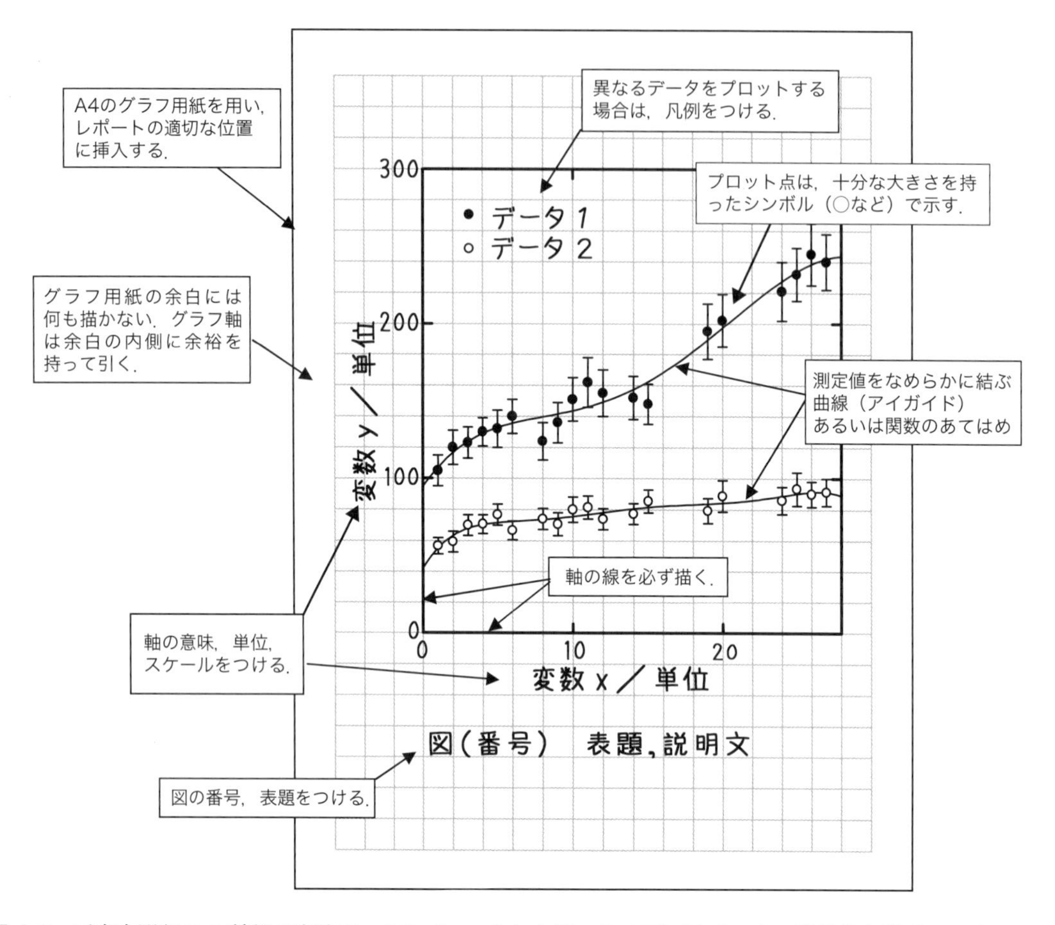

図 A.9　正方方眼紙に 2 種類の実験データをプロットした例．この図ではデータに誤差棒を付け，アイガイドの曲線を引いてある．

- A4 のグラフ用紙に手描きで作成し，スキャン[8] したものをレポートの適切な位置に挿入する．
- 方眼紙の種類は，示そうとする量の特徴がよく表されるように選ぶ．
- グラフの大きさは 1 辺 10 cm 程度を目安とし，小さすぎないようにする．
- グラフ軸，縦軸と横軸の意味，単位および目盛数値（スケール）を必ず明示する．これらはグラフ用紙の余白ではなく，余白の内側に記入する．余白には何も記入しない．
- 目盛数値は，プロットする測定点の値とグラフで表したい測定点の関係をよく検討して選ぶ．目盛線および目盛数値は数個で十分であり，必要以上に細かく描く必要はない．
- グラフをレポート本文で参照するために，図番号を図 1，図 2 のようにつけ

[8] スマートフォンのスキャナ・アプリを推奨するが，影や歪みがないように撮影された写真でもよい．

る．番号は装置図なども含めて，すべての図に順番につける．さらに，どのような実験で測定したどのような量の関係かを示す表題をつけ必要に応じて説明文を加える．

- 点をプロットする場合は，●や○，×などの記号を用いる．記号が小さすぎると読み取りが困難となり直感的な理解のさまたげとなるので，少なくとも1 mm 以上の大きさとして記号の中心が値を表すようにする．
- 同じグラフに異なる系列のデータ（たとえば，実験値と計算値）をプロットするときは，必ず記号を変えてプロットし，その説明（凡例）を書く．
- 測定値の誤差がわかっている場合には，縦または横の棒をつけてその大きさを示す．
- 測定値に一定の関係式が予想される場合には，その関係式を測定値にあてはめて線を引く（関数のあてはめ：後述）．そうではない場合でも，アイガイドと呼ばれる測定点を滑らかに結ぶ曲線[9]を引くと，測定点の間の関係が見やすくなり効果的である．

以下，グラフ用紙の種類とその使用方法について述べる．

[9] 実験点を滑らかにつなぐ場合にはスプライン関数を使う場合が多いが，誤差のあるデータではかならずしも測定点を完全に結ぶ必要はなく誤差を考慮して曲線を引く．

A.6.2 正方方眼紙

正方方眼紙は最も一般的なグラフ用紙であり，目盛線（スケール）が等間隔（リニアスケール）となっている．正方方眼紙では点の値と方眼紙上の軸からの距離が比例関係となるようにプロットする．軸目盛の数値は等差数列をなしており，軸上の数箇所の目盛に数値を書き込む．軸上の値が 0 となる場所には，必ず 0 の数値を書き入れるようにする．

図 A.9 は，正方方眼紙に 2 種類の実験データを縦軸方向の誤差を含めてプロットした例である．さらに，誤差を考慮したアイガイドにより測定点の間の関係を示してある．しかし，図 A.9 のアイガイドは関係式を予想して引いたものではなく，データを見やすくする以上の意味は持たない．

A.6.3 対数方眼紙

自然科学現象はしばしば指数関数やべき乗に比例する変化を示す．こういった現象を表示する場合，片対数または両対数方眼紙にプロットするとデータが直線となり見通しが良くなる．指数関数的に変化する測定例を普通の正方方眼紙にプロットしたグラフ（図 A.10）と片対数方眼紙にプロットしたグラフ（図 A.11）を示す．

対数方眼紙の軸目盛は正方方眼紙のように等間隔ではなく，点の値とグラフ上での軸からの距離との間に対数の関係がある（ログスケール）．このため，測定点のプロットには十分な注意が必要である．対数方眼紙の対数軸目盛は間隔が徐々に変化する目盛の繰り返しとなっている．繰り返しの 1 周期（生協で購

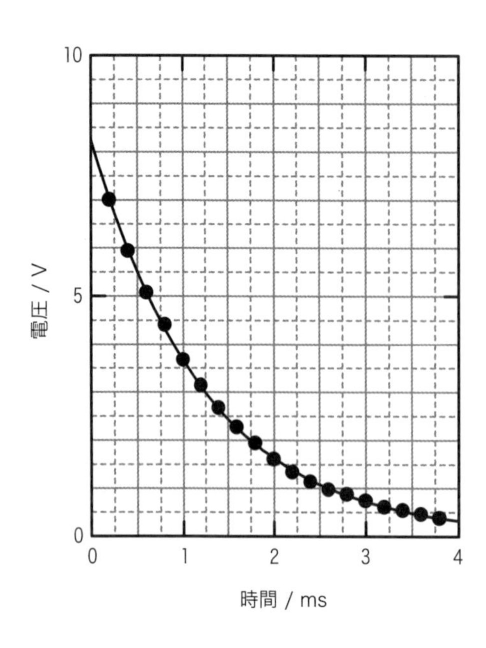

図 A.10　電子回路の減衰振動の正方方眼紙へのプロット．減衰が指数関数であることはわかりにくい．

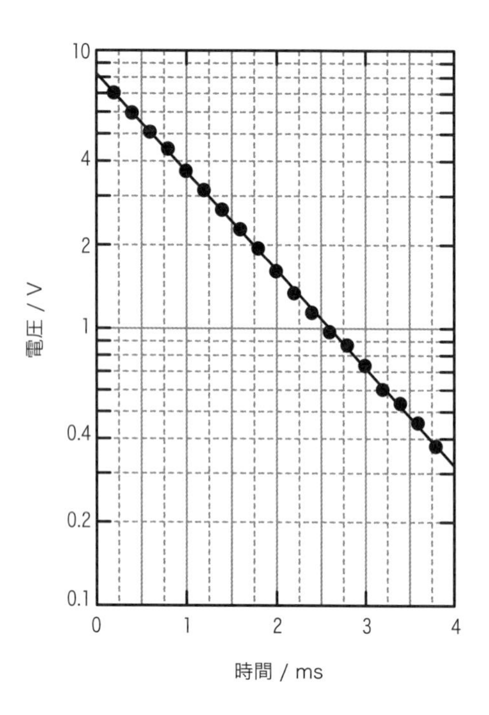

図 A.11　電子回路の減衰振動の片対数方眼紙へのプロット．データが直線となり，指数関数減衰であることがわかる．

入するグラフ用紙セットの対数方眼紙では約 6 cm）でちょうど 10 倍となるように測定点をプロットする．たとえば，図 A.11 のように周期の最初の目盛の値を 0.1 とした場合には，間隔がしだいに狭くなる方向に向かって太線の目盛が 0.2，0.3，0.4，$\cdots$ となり，次の周期の最初の目盛が 1 となる．2 周期目の太線の目盛は 2，3，4，$\cdots$ であり，3 周期目の最初が 10 となる．繰り返しの最初の目盛は必ず 10 のべき乗（0.1，1，10，100 など）とする．対数軸には値が 0 となる位置はない．

片対数方眼紙上で直線となるデータについて考えてみる．プロットする値を (x, y)，グラフ上での軸からの距離を (X, Y) とすると，X 軸はリニアスケールで Y 軸はログスケールなので

$$X = \mathrm{A}x \tag{A.27}$$

$$Y = \mathrm{B}\log_{10} y \tag{A.28}$$

の関係がある．B はグラフの一周期の距離（約 6 cm）である．ここで，指数関数で表される量

$$y = \mathrm{a}\exp(\mathrm{b}x) \tag{A.29}$$

をプロットしてみよう．このとき，点の位置 (X, Y) には

$$Y = \mathrm{B}\log_{10}[\mathrm{a}\exp(\mathrm{b}x)] = \frac{\mathrm{bB}\log_{10} e}{\mathrm{A}} X + \mathrm{B}\log_{10}\mathrm{a} \tag{A.30}$$

の関係があり，直線となることがわかる．図 A.11 では測定値が直線に並んでおり，指数関数的な変化であることがよくわかる．

両対数方眼紙では，X 軸と Y 軸の両方が対数軸なので

$$X = \mathrm{B}\log_{10} x \tag{A.31}$$

$$Y = \mathrm{B}\log_{10} y \tag{A.32}$$

の関係（両対数方眼紙では 1 周期の距離 B は X 軸と Y 軸で等しい）がある．ここで

$$y = \mathrm{a}x^{\mathrm{b}} \tag{A.33}$$

と x のべき乗で変化する測定値をプロットすると点の位置 (X, Y) の関係は

$$Y = \mathrm{B}\log_{10}(\mathrm{a}x^{\mathrm{b}}) = \mathrm{bB}\log_{10} x + \mathrm{B}\log_{10}\mathrm{a} = \mathrm{b}X + \mathrm{B}\log_{10}\mathrm{a} \tag{A.34}$$

となり，傾き b の直線となる．

A.6.4　関数のあてはめ（フィッティング）

測定値に一定の関係式が予想される場合には，関数を測定値にあてはめるとよい．関数をあてはめることで測定値の振る舞いを解析的に調べ，理論的な予想と比較することが可能となる．図 A.10 と図 A.11 の曲線および直線は，A.5 節で述べた**最小二乗法**を用いて指数関数を測定値にあてはめたものである．

あてはめを行った後は，必ずグラフを用いてあてはめの良し悪しを検討する．特に，コンピュータを用いた数値計算によるあてはめでは，誤差の二乗和が最小となる関数ではなく，単に極小となる別の関数が得られてしまう場合がしばしばある．このような誤りは数表では確認が難しく，グラフによる確認が必要である．あてはめの良し悪しを詳細に検討するためには，測定値とあてはめた関数値の差（**差分**）をグラフにプロットすることが有効である．このとき，グラフの不連続な変化や小さい起伏が本質的な意味を持つこともあるので，不用意な先入観念をもってデータ解析を行うことにより重要な事実を見落さないように注意する．

A.6.5　片対数グラフから係数を求める方法

最小二乗法による関数のあてはめを行わなくても，グラフから目的とする未知量の値を読み取ることができる．図 A.12 は，課題 1「環境放射線を測る」で作成する遮蔽板の厚さと放射線強度の関係を示すグラフの例である．このグラフから放射線の線減弱係数 μ を求めてみる．遮蔽板の厚さを x，放射線強度を y とすると，その間には指数関数

$$y = \mathrm{a}\exp(-\mu x) \tag{A.35}$$

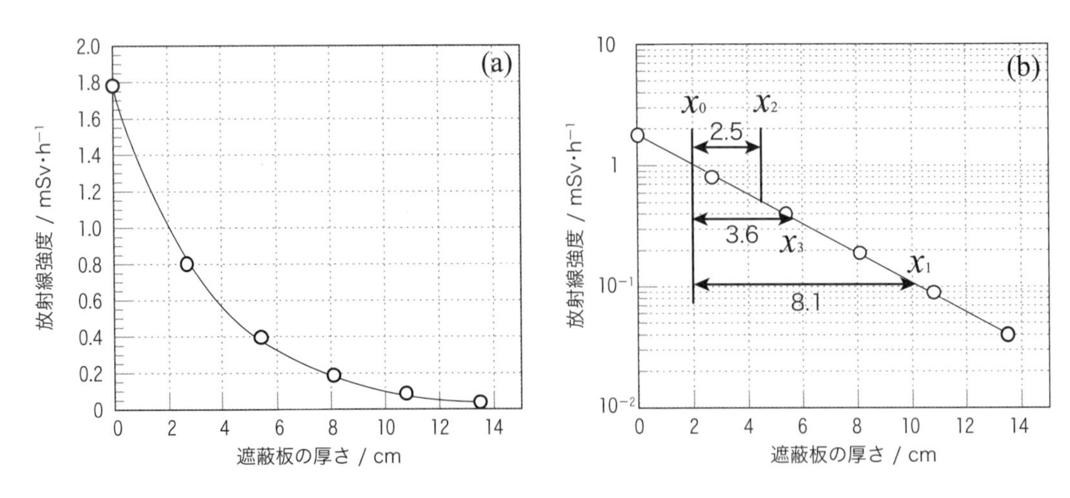

図 A.12　片対数グラフから指数関数の係数（放射線の線減弱係数）を求める方法.

の関係がある．Y 軸を対数軸とした図 A.12(b) の片対数グラフでは，測定値は直線となる.

線減弱係数 μ をグラフから読み取るには，次のいずれかの方法を用いる.

- 1/10 に減衰する点を用いる方法（片対数グラフでは最も容易）

  1. 片対数グラフに測定点を最も確からしく通る直線を引く.
  2. 直線上の 1 点 (x_0, y_0) を決め，y の値が $y_0/10$ になる直線上の点 (x_1, y_1) を求める.
  3. $y_1 = y_0 \exp\{-\mu(x_1 - x_0)\} = y_0/10$ より，$\exp\{-\mu(x_1 - x_0)\} = \dfrac{1}{10}$ である.
  4. $\mu = \dfrac{\log_e 10}{x_1 - x_0} = \dfrac{2.30}{x_1 - x_0}$ となる．図 A.12 の場合には，$\mu = \dfrac{2.30}{8.1} = 0.28\ [\mathrm{cm}^{-1}]$ となる.

- 1/2 に減衰する点を用いる方法

  1. 片対数グラフに測定点を最も確からしく通る直線を引く.
  2. 直線上の 1 点 (x_0, y_0) を決め，y の値が $y_0/2$ になる直線上の点 (x_2, y_2) を求める.
  3. 同様に $\mu = \dfrac{\log_e 2}{x_2 - x_0} = \dfrac{0.693}{x_2 - x_0}$ となる．図 A.12 の場合には，$\mu = \dfrac{0.693}{2.5} = 0.28\ [\mathrm{cm}^{-1}]$ となる.

- $1/e$ に減衰する点を用いる方法

  1. 片対数グラフに測定点を最も確からしく通る直線を引く.
  2. 直線上の 1 点 (x_0, y_0) を決め，y の値が y_0/e になる直線上の点 (x_3, y_3) を求める.
  3. 同様に $\mu = \dfrac{\log_e e}{x_3 - x_0} = \dfrac{1.00}{x_3 - x_0}$ となる．図 A.12 の場合には，$\mu = \dfrac{1.00}{3.6} = 0.28\ [\mathrm{cm}^{-1}]$ となる.

国際単位系・科学基礎定数・ギリシャ文字

表 B.1　基本単位.

量	単位	単位記号
長さ	メートル	m
質量	キログラム	kg
時間	秒	s
電流	アンペア	A
温度	ケルビン	K
光度	カンデラ	cd
物質量	モル	mol

表 B.2　固有の名称をもつ組立単位.

量	単位	単位記号	他の SI 単位による表し方	SI 基本単位による表し方
平面角	ラジアン (radian)	rad		
立体角	ステラジアン (steradian)	sr		
周波数	ヘルツ (hertz)	Hz		s^{-1}
力	ニュートン (newton)	N		$m \cdot kg \cdot s^{-2}$
圧力，応力	パスカル (pascal)	Pa	N/m^2	$m^{-1} \cdot kg \cdot s^{-2}$
エネルギー，仕事，熱量	ジュール (joule)	J	$N \cdot m$	$m^2 \cdot kg \cdot s^{-2}$
仕事率，電力	ワット (watt)	W	J/s	$m^2 \cdot kg \cdot s^{-3}$
電気量，電荷	クーロン (coulomb)	C		$s \cdot A$
電圧，電位	ボルト (volt)	V	W/A	$m^2 \cdot kg \cdot s^{-3} \cdot A^{-1}$
静電容量	ファラド (farad)	F	C/V	$m^{-2} \cdot kg^{-1} \cdot s^4 \cdot A^2$
電気抵抗	オーム (ohm)	Ω	V/A	$m^2 \cdot kg \cdot s^{-3} \cdot A^{-2}$
コンダクタンス	ジーメンス (siemens)	S	A/V	$m^{-2} \cdot kg^{-1} \cdot s^3 \cdot A^2$
磁束	ウェーバー (weber)	Wb	$V \cdot s$	$m^2 \cdot kg \cdot s^{-2} \cdot A^{-1}$
磁束密度	テスラ (tesla)	T	Wb/m^2	$kg \cdot s^{-2} \cdot A^{-1}$
インダクタンス	ヘンリー (henry)	H	Wb/A	$m^2 \cdot kg \cdot s^{-2} \cdot A^{-2}$
セルシウス温度	セルシウス度 *1	℃		K
光束	ルーメン (lumen)*2	lm	$cd \cdot sr$	
照度	ルクス (lux)*3	lx	lm/m^2	
放射能	ベクレル (becquerel) *4	Bq		s^{-1}
吸収線量	グレイ (gray)*5	Gy	J/kg	$m^2 \cdot s^{-2}$
線量当量	シーベルト (sievert)*6	Sv	J/kg	$m^2 \cdot s^{-2}$

*1 セルシウス温度 θ はケルビン温度 T により次の式で定義される．θ [°C] $= T$ [K] $- 273.15$
*2 1 lm: 等方性の光度 1 cd の点光源から 1 sr の立体角内に放射される光束.
*3 1 lx: 1 m^2 の面を，1 lm の光束で一様に照したときの照度.
*4 1 Bq: 1 s の間に 1 個の原子崩壊を起す放射能.
*5 1 Gy: 放射線に照射された物質 1 kg に 1 J のエネルギーが吸収されたときの吸収線量.
*6 1 Sv: 1 Gy に放射線の生物学的効果の強さを考慮する因子を乗じた量.

表 B.3 組立単位.

量	単位	単位記号	SI 基本単位による表し方
面積	平方メートル	m^2	
体積	立方メートル	m^3	
密度	キログラム/立方メートル	kg/m^3	
速度，速さ	メートル/秒	m/s	
加速度	メートル/(秒)^2	m/s^2	
角速度	ラジアン/秒	rad/s	
力のモーメント	ニュートン・メートル	N·m	$m^2 \cdot kg \cdot s^{-2}$
表面張力	ニュートン/メートル	N/m	$kg \cdot s^{-2}$
粘度	パスカル・秒	Pa·s	$m^{-1} \cdot kg \cdot s^{-1}$
動粘度	平方メートル/秒	m^2/s	
熱流密度，放射照度	ワット/平方メートル	W/m^2	$kg \cdot s^{-3}$
熱容量，エントロピー	ジュール/ケルビン	J/K	$m^2 \cdot kg \cdot s^{-2} \cdot K^{-1}$
比熱，質量エントロピー	ジュール/(キログラム・ケルビン)	J/(kg·K)	$m^2 \cdot s^{-2} \cdot K^{-1}$
熱伝導率 *1	ワット/(メートル・ケルビン)	W/(m·K)	$m \cdot kg \cdot s^{-3} \cdot K^{-1}$
電界の強さ	ボルト/メートル	V/m	$m \cdot kg \cdot s^{-3} \cdot A^{-1}$
電束密度，電気変位	クーロン/平方メートル	C/m^2	$m^{-2} \cdot s \cdot A$
誘電率	ファラド/メートル	F/m	$m^{-3} \cdot kg^{-1} \cdot s^4 \cdot A^2$
電流密度	アンペア/平方メートル	A/m^2	
磁界の強さ	アンペア/メートル	A/m	
透磁率	ヘンリー/メートル	H/m	$m \cdot kg \cdot s^{-2} \cdot A^{-2}$
起磁力，磁位差	アンペア	A	
モル濃度	モル/立方デシメートル	mol/dm^3	
輝度 *2	カンデラ/平方メートル	cd/m^2	
波数	1/メートル	m^{-1}	
照射線量 *3	クーロン/キログラム	C/kg	

*1 物体中の等温面を通って，垂直方向に流れる熱流密度と，その方向の温度勾配の比.
*2 物体を一定方向から見たとき，その方向に垂直な単位面積当りの光度.
*3 1 kg の空気を電離して 1 C ずつの正負の電荷を生じる放射線量.

表 B.4 接頭語.

大きさ	名称		記号	大きさ	名称		記号
10^{24}	ヨタ	yotta	Y	10^{-1}	デシ	deci	d
10^{21}	ゼタ	zetta	Z	10^{-2}	センチ	centi	c
10^{18}	エクサ	exa	E	10^{-3}	ミリ	milli	m
10^{15}	ペタ	peta	P	10^{-6}	マイクロ	micro	μ
10^{12}	テラ	tera	T	10^{-9}	ナノ	nano	n
10^{9}	ギガ	giga	G	10^{-12}	ピコ	pico	p
10^{6}	メガ	mega	M	10^{-15}	フェムト	femto	f
10^{3}	キロ	kilo	k	10^{-18}	アト	atto	a
10^{2}	ヘクト	hecto	h	10^{-21}	ゼプト	zepto	z
10^{1}	デカ	deca	da	10^{-24}	ヨクト	yocto	y

表 B.5　科学基礎定数.

名称	記号	数値 *1	単位
真空中の光速度 *2	c	299792458	$\mathrm{m \cdot s^{-1}}$
真空の透磁率	μ_0	$1.25663706212(19) \times 10^{-6}$	$\mathrm{H{\cdot}m^{-1}}$
真空の誘電率	ε_0	$8.8541878128(13) \times 10^{-12}$	$\mathrm{F{\cdot}m^{-1}}$
万有引力定数	G	$6.67430(15) \times 10^{-11}$	$\mathrm{N{\cdot}m^2{\cdot}kg^{-2}}$
プランク定数 *2	h	$6.62607015 \times 10^{-34}$	$\mathrm{J{\cdot}s}$
ディラック定数 *2	$\hbar = h/2\pi$	$1.054571818 \times 10^{-34}$	$\mathrm{J{\cdot}s}$
素電荷 *2	e	$1.602176634 \times 10^{-19}$	C
磁束量子 *2	$h/2e$	$2.067833848... \times 10^{-15}$	Wb
フォン・クリッツィング定数 *2	$R_{\mathrm{K}} = h/e^2$	$2.581280745... \times 10^4$	Ω
ボーア磁子	$\mu_{\mathrm{B}} = e\hbar/2m_{\mathrm{e}}$	$9.2740100783(28) \times 10^{-24}$	$\mathrm{J{\cdot}T^{-1}}$
核磁子	$\mu_{\mathrm{N}} = e\hbar/2m_{\mathrm{p}}$	$5.0507837461(15) \times 10^{-27}$	$\mathrm{J{\cdot}T^{-1}}$
電子の質量	m_{e}	$9.1093837015(28) \times 10^{-31}$	kg
陽子の質量	m_{p}	$1.67262192369(51) \times 10^{-27}$	kg
中性子の質量	m_{n}	$1.67492749804(95) \times 10^{-27}$	kg
ミュー粒子の質量	m_{μ}	$1.883531627(42) \times 10^{-28}$	kg
電子の磁気モーメント	μ_{e}	$-9.2847647043(28) \times 10^{-24}$	$\mathrm{J{\cdot}T^{-1}}$
自由電子の g-因子	$2\mu_{\mathrm{e}}/\mu_{\mathrm{B}}$	$-2.00231930436256(35)$	
陽子の磁気モーメント	μ_{p}	$1.41060679736(60) \times 10^{-26}$	$\mathrm{J{\cdot}T^{-1}}$
陽子の g-因子	$2\mu_{\mathrm{p}}/\mu_{\mathrm{N}}$	$5.5856946893(16)$	
中性子の磁気モーメント	μ_{n}	$-9.6623651(23) \times 10^{-27}$	$\mathrm{J{\cdot}T^{-1}}$
ミュー粒子の磁気モーメント	μ_{μ}	$-4.49044830(10) \times 10^{-26}$	$\mathrm{J{\cdot}T^{-1}}$
電子のコンプトン波長	$\lambda_{\mathrm{C}} = h/m_{\mathrm{e}}c$	$2.42631023867(73) \times 10^{-12}$	m
陽子のコンプトン波長	$\lambda_{\mathrm{C,p}} = h/m_{\mathrm{p}}c$	$1.32140985539(40) \times 10^{-15}$	m
微細構造定数	$\alpha = e^2/4\pi\varepsilon_0\hbar c$	$7.2973525693(11) \times 10^{-3}$	
	$1/\alpha$	$137.035999084(21)$	
ボーア半径	$a_0 = 4\pi\varepsilon_0\hbar^2/m_{\mathrm{e}}e^2$	$5.29177210903(80) \times 10^{-11}$	m
リュードベリ定数	$R_\infty = e^2/16\pi^2\varepsilon_0 a_0\hbar c$	$1.0973731568160(21) \times 10^7$	$\mathrm{m^{-1}}$
電子の比電荷	$-e/m_{\mathrm{e}}$	$-1.75882001076(53) \times 10^{11}$	$\mathrm{C{\cdot}kg^{-1}}$
電子の古典半径	$r_{\mathrm{e}} = e^2/4\pi\varepsilon_0 m_{\mathrm{e}}c^2$	$2.8179403262(13) \times 10^{-15}$	m
原子質量単位	u	$1.66053906660(50) \times 10^{-27}$	kg
アボガドロ定数 *2	N_{A}	$6.02214076 \times 10^{23}$	$\mathrm{mol^{-1}}$
ボルツマン定数 *2	k	1.380649×10^{-23}	$\mathrm{J{\cdot}K^{-1}}$
ファラデー定数 *2	$F = N_{\mathrm{A}}e$	$9.648533212... \times 10^4$	$\mathrm{C{\cdot}mol^{-1}}$
1 モルの気体定数 *2	$R = N_{\mathrm{A}}k$	$8.314462618...$	$\mathrm{J{\cdot}mol^{-1}{\cdot}K^{-1}}$
完全気体の体積 (0 °C, 1 atm) *2	V_{m}	$22.41396954...$	$\mathrm{m^3{\cdot}mol^{-1}}$
ステファン–ボルツマン定数 *2	$\sigma = \pi^2k^4/60\hbar^3c^2$	$5.670374419... \times 10^{-8}$	$\mathrm{W{\cdot}m^{-2}{\cdot}K^{-4}}$

数値は CODATA2018 推奨値による.

*1 (　) 内の 2 桁の数字は, 表示されている値の最後の 2 桁についての標準不確かさを表す. たとえば, 真空の透磁率の表記は $(1.25663706212 \pm 0.00000000019) \times 10^{-6}$ を意味する.

*2 定義値.

表 B.6　ギリシャ文字.

A	α	Alpha	アルファ	I	ι	Iota	イオタ	P	ρ	Rho	ロー
B	β	Beta	ベータ	K	κ	Kappa	カッパ	Σ	σ	Sigma	シグマ
Γ	γ	Gamma	ガンマ	Λ	λ	Lambda	ラムダ	T	τ	Tau	タウ
Δ	δ	Delta	デルタ	M	μ	Mu	ミュー	Υ	υ	Upsilon	ウプシロン
E	ϵ, ε	Epsilon	イプシロン	N	ν	Nu	ニュー	Φ	ϕ, φ	Phi	ファイ
Z	ζ	Zeta	ゼータ	Ξ	ξ	Xi	グザイ	X	χ	Chi	カイ
H	η	Eta	イータ	O	o	Omicron	オミクロン	Ψ	ψ	Psi	プサイ
Θ	θ, ϑ	Theta	シータ	Π	π	Pi	パイ	Ω	ω	Omega	オメガ

元素の周期表

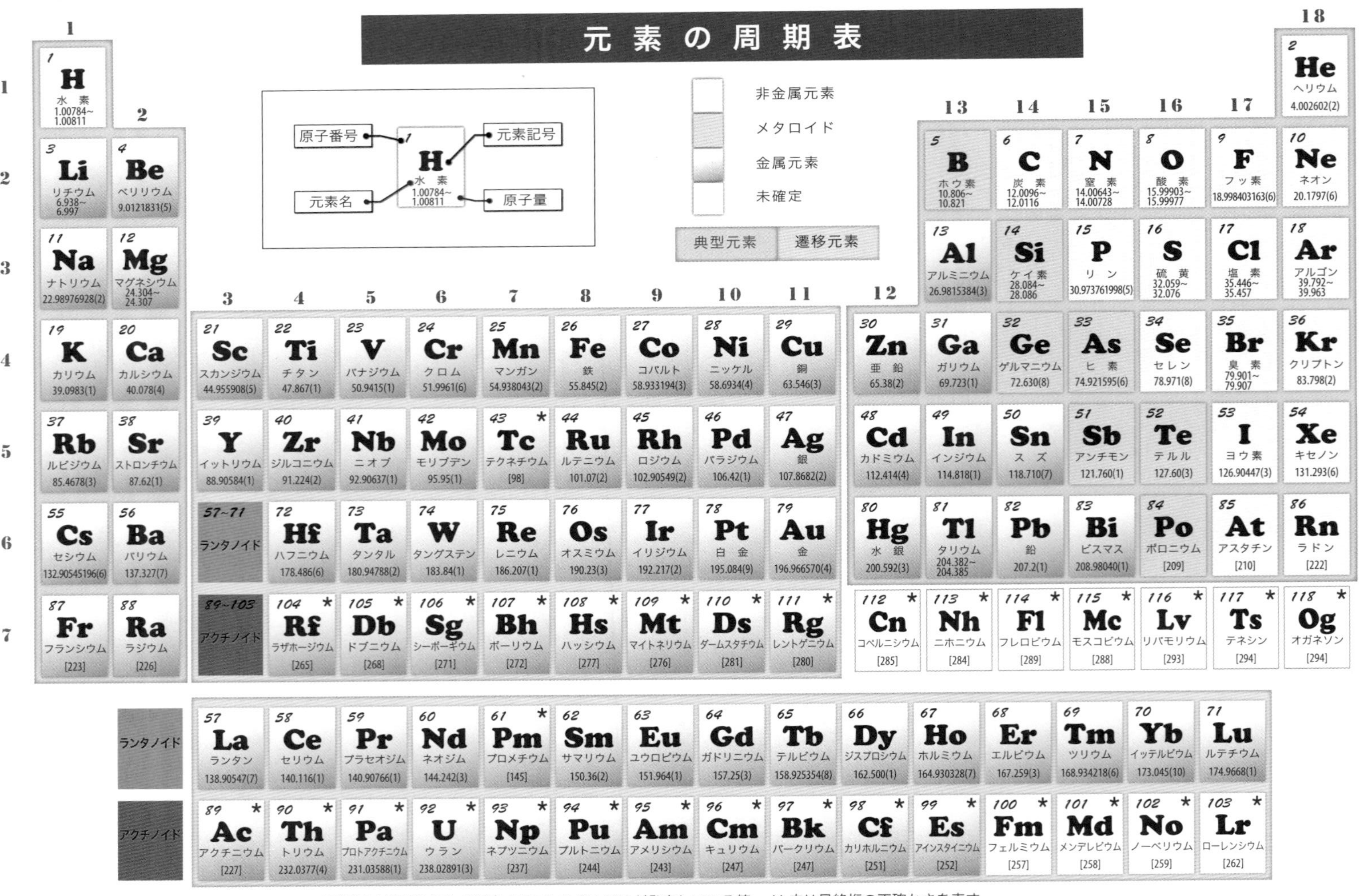

周期	1	2	3	4	5	6	7	8	9	10	11	12	13	14	15	16	17	18
1	1 H 水素 1.00784~1.00811																	2 He ヘリウム 4.002602(2)
2	3 Li リチウム 6.938~6.997	4 Be ベリリウム 9.0121831(5)											5 B ホウ素 10.806~10.821	6 C 炭素 12.0096~12.0116	7 N 窒素 14.00643~14.00728	8 O 酸素 15.99903~15.99977	9 F フッ素 18.998403163(6)	10 Ne ネオン 20.1797(6)
3	11 Na ナトリウム 22.98976928(2)	12 Mg マグネシウム 24.304~24.307											13 Al アルミニウム 26.9815384(3)	14 Si ケイ素 28.084~28.086	15 P リン 30.973761998(5)	16 S 硫黄 32.059~32.076	17 Cl 塩素 35.446~35.457	18 Ar アルゴン 39.792~39.963
4	19 K カリウム 39.0983(1)	20 Ca カルシウム 40.078(4)	21 Sc スカンジウム 44.955908(5)	22 Ti チタン 47.867(1)	23 V バナジウム 50.9415(1)	24 Cr クロム 51.9961(6)	25 Mn マンガン 54.938043(2)	26 Fe 鉄 55.845(2)	27 Co コバルト 58.933194(3)	28 Ni ニッケル 58.6934(4)	29 Cu 銅 63.546(3)	30 Zn 亜鉛 65.38(2)	31 Ga ガリウム 69.723(1)	32 Ge ゲルマニウム 72.630(8)	33 As ヒ素 74.921595(6)	34 Se セレン 78.971(8)	35 Br 臭素 79.901~79.907	36 Kr クリプトン 83.798(2)
5	37 Rb ルビジウム 85.4678(3)	38 Sr ストロンチウム 87.62(1)	39 Y イットリウム 88.90584(1)	40 Zr ジルコニウム 91.224(2)	41 Nb ニオブ 92.90637(1)	42 Mo モリブデン 95.95(1)	43 ★ Tc テクネチウム [98]	44 Ru ルテニウム 101.07(2)	45 Rh ロジウム 102.90549(2)	46 Pd パラジウム 106.42(1)	47 Ag 銀 107.8682(2)	48 Cd カドミウム 112.414(4)	49 In インジウム 114.818(1)	50 Sn スズ 118.710(7)	51 Sb アンチモン 121.760(1)	52 Te テルル 127.60(3)	53 I ヨウ素 126.90447(3)	54 Xe キセノン 131.293(6)
6	55 Cs セシウム 132.90545196(6)	56 Ba バリウム 137.327(7)	57~71 ランタノイド	72 Hf ハフニウム 178.486(6)	73 Ta タンタル 180.94788(2)	74 W タングステン 183.84(1)	75 Re レニウム 186.207(1)	76 Os オスミウム 190.23(3)	77 Ir イリジウム 192.217(2)	78 Pt 白金 195.084(9)	79 Au 金 196.966570(4)	80 Hg 水銀 200.592(3)	81 Tl タリウム 204.382~204.385	82 Pb 鉛 207.2(1)	83 Bi ビスマス 208.98040(1)	84 Po ポロニウム [209]	85 At アスタチン [210]	86 Rn ラドン [222]
7	87 Fr フランシウム [223]	88 Ra ラジウム [226]	89~103 アクチノイド	104 ★ Rf ラザホージウム [265]	105 ★ Db ドブニウム [268]	106 ★ Sg シーボーギウム [271]	107 ★ Bh ボーリウム [272]	108 ★ Hs ハッシウム [277]	109 ★ Mt マイトネリウム [276]	110 ★ Ds ダームスタチウム [281]	111 ★ Rg レントゲニウム [280]	112 ★ Cn コペルニシウム [285]	113 ★ Nh ニホニウム [284]	114 ★ Fl フレロビウム [289]	115 ★ Mc モスコビウム [288]	116 ★ Lv リバモリウム [293]	117 ★ Ts テネシン [294]	118 ★ Og オガネソン [294]

ランタノイド	57 La ランタン 138.90547(7)	58 Ce セリウム 140.116(1)	59 Pr プラセオジム 140.90766(1)	60 Nd ネオジム 144.242(3)	61 ★ Pm プロメチウム [145]	62 Sm サマリウム 150.36(2)	63 Eu ユウロピウム 151.964(1)	64 Gd ガドリニウム 157.25(3)	65 Tb テルビウム 158.925354(8)	66 Dy ジスプロシウム 162.500(1)	67 Ho ホルミウム 164.930328(7)	68 Er エルビウム 167.259(3)	69 Tm ツリウム 168.934218(6)	70 Yb イッテルビウム 173.045(10)	71 Lu ルテチウム 174.9668(1)
アクチノイド	89 ★ Ac アクチニウム [227]	90 ★ Th トリウム 232.0377(4)	91 ★ Pa プロトアクチニウム 231.03588(1)	92 ★ U ウラン 238.02891(3)	93 ★ Np ネプツニウム [237]	94 ★ Pu プルトニウム [244]	95 ★ Am アメリシウム [243]	96 ★ Cm キュリウム [247]	97 ★ Bk バークリウム [247]	98 ★ Cf カリホルニウム [251]	99 ★ Es アインスタイニウム [252]	100 ★ Fm フェルミウム [257]	101 ★ Md メンデレビウム [258]	102 ★ No ノーベリウム [259]	103 ★ Lr ローレンシウム [262]

・原子量は 2020 年 1 月現在 IUPAC の CIAAW が発表している値 。( ) 内は最終桁の不確かさを表す。
なお，採取された場所で同位体の組成比の変動が大きい元素については，原子量を範囲で示す。
・安定もしくは準安定核種が存在しない元素については，その元素のうちで最も長寿命の核種の質量数を [ ] で示した。
・★は，安定同位体が存在しない元素。

索　引

英数字
DNA　110
DNA 伸長反応　94

R_f 値　46
RNA　92
RT-PCR 法　104

SDS　7

X 線　110

あ行
アデニン　89
アニーリング　94
鋳型　93
薄層クロマトグラフィー　45
宇宙線　10
塩基　89
塩基配列決定　105

か行
回折　112
回折格子　122
ガウス分布　134
可視光　112
ガスクロマトグラフィー　48
片対数方眼紙　142
環境放射線　10
還元的ドーピング　32
干渉　117
間接測定　138
基本振動　65
禁制帯（バンドギャップ）　31
グアニン　89
偶然誤差　132
クロマトグラフィー　45
系統誤差　132
ゲノム　88
構造生物学　112
光電効果　17
誤差　133
誤差伝播の法則　136
コンプトン散乱　17

さ行
最確値　137
最小二乗法　137, 143
差分　143
酸化的ドーピング　32
算術平均　137
紫外可視吸収スペクトル　39
シークエンシング　105
自然音階　76
自然放射線　10
シトシン　89
シーベルト　11
周波数　63
充満帯　31
主鎖　89
純正律　67
触媒　48
人工放射線　10
振動　63
スリット　113
正規分布　134
生体高分子　110
線減弱係数　18
セントラルドグマ　92
相補鎖　91
相補的　91
相補的塩基対　91

た行
脱ドープ　37
チミン　89
直接測定　136
デオキシリボ核酸　88
電解重合　33
電気泳動　96
電子供与体　31
電子受容体　31
電磁波　112
転写　92
電子・陽電子対生成　17
伝導帯　31
天然放射性同位元素（天然放射性同位体）　10
統計誤差　133
導電性高分子　30
ドーパント　30
ドーピング　30

な行
ヌクレオチド　89
熱変性　94

は行

ハーモニクス奏法　*73*
反応機構　*44*
被ばく線量　*11*
標準偏差　*134*
フィッシャーエステル化　*48*
プライマー　*93*
フーリエ級数展開　*63*
分散　*134*
分配係数　*44*
分配の法則　*44*
平均律　*67*
ホイヘンスの原理　*113*
放射光　*112*
放射能　*21*
ポリメレース連鎖反応　*93*
翻訳　*92*

や行

有効数字　*131*

ら行

らせん構造　*110*
リアルタイム PCR 技術　*104*
リボ核酸　*92*
両対数方眼紙　*143*
励起状態　*38*

わ行

和音　*72*

Memorandum

Memorandum

※この印刷物は同名電子書籍の 2024 年 3 月 31 日電子第 1 版発行のデータを利用しています．
※元の電子書籍と一部異なる場合があります．あらかじめご了承ください．

自然科学総合実験 2024 年度版

Introductory Science Experiments 2024

2024 年 3 月 31 日　初版 1 刷発行

編　者　東北大学自然科学総合実験
　　　　テキスト編集委員会

発行者　南條光章

発行所　**共立出版株式会社**

〒112–0006
東京都文京区小日向4丁目6番19号
電話（03）3947–2511（代表）
振替口座 00110–2–57035
URL www.kyoritsu-pub.co.jp

印　刷
製　本　藤原印刷

一般社団法人
自然科学書協会
会員

検印廃止
NDC 407

ISBN 978–4–320–00618–8

Printed in Japan